LE BAIN de SCIENCE de FIAMMA

LA FEMME QUI PRENAIT SON MARI POUR UN CHAPEAU

Voyage au pays du cerveau

Éditions Delcourt

Oliver Sacks ;
l'Institut du Cerveau et de la Moelle épinière :
Richard Lévy, Lionel Naccache, Lara Migliaccio,
Mathias Pessiglione, Raphaël Le Bouc, Pierre Pouget,
Alberto Bacci, Isabelle Le Ber, Paola Caroppo, Yves Agid, Paolo Bartolomeo ;
la clinique de La Borde : Christophe du Fontbaré ;
l'association Argos 2001 ;
la clinique du Château de Garches : Marc Masson ;
l'hôpital de la Pitié-Salpêtrière : Vincent Navarro, Michel Baulac,
Isabelle Arnulf.

SOMMAIRE

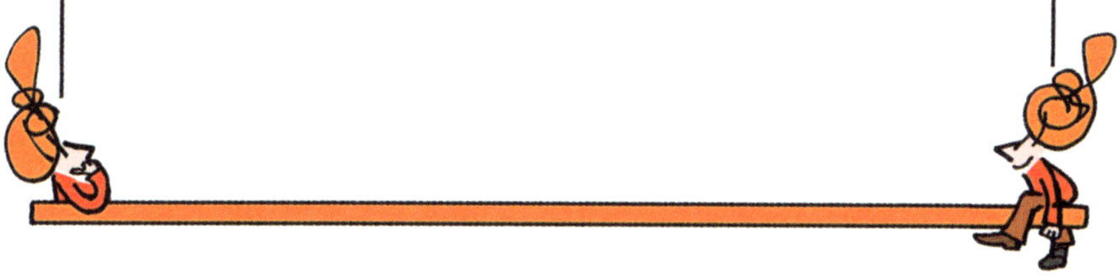

LE BAIN de SCIENCE
de FIAMMA

AU COMMENCEMENT ÉTAIT LE CORTEX PRÉFRONTAL

LA NUIT DERNIÈRE, CHEZ MOI
JE DOIS REMETTRE MON LIVRE DANS DEUX MOIS ET JE N'AI PAS PONDU UNE LIGNE...
JE NE GAGNE PAS MA VIE AVEC LA BD, QU'EST-CE QUE JE FOUS LÀ ?...
JE NE VAIS PLUS M'ENDORMIR ET SI J'ALLUME, ÇA SERA PIRE...
TANT PIS...

CLIC
AAAARGH! QUI ÊTES-VOUS?
TON CORTEX PRÉFRONTAL, LA MATIÈRE GRISE JUSTE DERRIÈRE TON FRONT. À CETTE HEURE-CI IL NE FAUT PAS ME SOLLICITER.

JE NE VOUS AI PAS SOLLICITÉ !
BIEN SÛR QUE SI ! ET À TON ÂGE TU DEVRAIS SAVOIR QU'À CETTE HEURE-CI TOUS LES PLANS SONT FOIREUX !

COMMENT LE SAVEZ-VOUS ?
MA PETITE, JE SUIS LA PARTIE NOBLE DU CERVEAU, CELLE QUI DISTINGUE LES HUMAINS DES AUTRES MAMMI-FÈRES... JE SUIS LE CHEF D'ORCHESTRE !

JE PRENDS LES DÉCISIONS, JE PLANIFIE, JE CONTRÔLE TES PULSIONS POUR TE RENDRE APTE À LA VIE SOCIALE...
C'EST FATIGANT, TOUT ÇA...
PFFF

JE SUIS AUSSI LA DERNIÈRE PARTIE DU CERVEAU À SE DÉVELOPPER : IL FAUT "L'ÂGE DE RAISON" POUR QUE TOUT ROULE ET VISIBLEMENT CE N'EST PAS TON CAS.

ENFIN, JE NE DEMANDE QU'À DORMIR TRANQUILLE, JE POURRAIS JUSTE VOUS DÉBRANCHER ET...
ET TU PLONGERAIS DANS UNE TRANQUILLITÉ CA-TA-TO-NI-QUE, HÉ HÉ ! LA LOBOTOMIE EST CE QU'ON ASSENAIT AUX PSYCHOTIQUES AVANT L'ARRIVÉE DES NEUROLEPTIQUES, TU VOIS ?
NON.

OK, JE TE RACONTE UNE HISTOIRE : ON EST AUX ÉTATS-UNIS, ANNÉES 80, ELLIOT EST UN JEUNE EXPERT-COMPTABLE À LA BRILLANTE CARRIÈRE...

MARIÉ, ENTOURÉ D'AMIS, ELLIOT MÈNE BIEN SA BARQUE.

UN JOUR, IL SE MET À SOUFFRIR DE MIGRAINES ÉPOUVANTABLES : LA CAUSE EST UN MÉNINGIOME, UNE TUMEUR BÉNIGNE. ON LUI ENLÈVE EN URGENCE UNE PARTIE DE SES LOBES FRONTAUX, TOUT SE PASSE BIEN, MAIS...

SON INCONSÉQUENCE ET SA GOUJATERIE DÉCONCERTENT L'ENTOURAGE. IL PEUT PASSER UNE JOURNÉE À SE DEMANDER SELON QUEL CRITÈRE CLASSER SES DOSSIERS, IL PEUT ERRER D'UN RESTAURANT À L'AUTRE SANS CONSOMMER.

ET QUAND IL FINIT PAR PRENDRE UNE DÉCISION, C'EST LA MAUVAISE.

EN PROIE AUX MAUVAISES FRÉQUENTATIONS, RENVOYÉ DE SON POSTE, QUITTÉ PAR SA FEMME ET SES AMIS, ELLIOT ÉCHOUE À L'ARMÉE DU SALUT.

MAIS LE PLUS ÉTONNANT EST QU'IL GARDE SON Q.I. DE 125 ET SES FACULTÉS COGNITIVES SEMBLENT INTACTES. LA SÉCURITÉ SOCIALE LE PREND POUR UN IMPOSTEUR.

C'EST LÀ QU'IL TOMBE SUR ANTONIO DAMASIO, LE CÉLÈBRE NEUROLOGUE.

APRÈS L'ABLATION D'UNE PARTIE DE SES LOBES FRONTAUX, NON SEULEMENT ELLIOT EST DEVENU APATHIQUE ET INCONSÉQUENT, MAIS IL NE PEUT PLUS RESSENTIR D'ÉMOTIONS.

SON LIVRE "L'ERREUR DE DESCARTES" DEVIENT UN BEST-SELLER ET ELLIOT OBTIENT SA PENSION D'INVALIDITÉ.

COMME ELLIOT, HECTOR AVAIT ÉTÉ OPÉRÉ D'UN MÉNINGIOME ET PAR LA SUITE DEVINT TRÈS APATHIQUE, SAUF POUR DEVANCER LE CAMION DES ENCOMBRANTS : LA SEULE CHOSE QUI LE MOTIVAIT ÉTAIT LA COLLECTE DE VIEUX TÉLÉVISEURS.

UNE FOIS REMPLI SON APPARTEMENT, SA CAVE ET CELLES DES VOISINS, IL ATTAQUA LES BOUCHES D'AÉRATION DE SON IMMEUBLE, CE QUI CAUSA SA PERTE : LE SYNDIC LE MENAÇA D'EXPULSION S'IL NE VIDAIT PAS LES ESPACES COMMUNS.

ELLIOT ET HECTOR SOUFFRAIENT QUAND MÊME DE TROUBLES DIFFÉRENTS...
PAS SUR LE FOND : L'ABLATION DU CORTEX FRONTAL LES AVAIT RENDUS TOUS LES DEUX APATHIQUES ET INCONSÉQUENTS. ILS NE SUIVAIENT PLUS LEUR CHEF D'ORCHESTRE.
CHATACHA
BONG
BANG
TOUT ÇA POUR DIRE QUE JE SUIS INDISPENSABLE.

OK,,, MAIS POUR REVENIR À MES PROBLÈMES... COMMENT VAIS-JE...
À CETTE HEURE-CI, IL N'Y A PAS DE SOLUTION ! ÉTEINS, LAISSE REPOSER TON CORTEX PRÉFRONTAL ET REMETS TOUT ÇA À DEMAIN !

LE LENDEMAIN MATIN, À L'INSTITUT DU CERVEAU, APRÈS AVOIR RACONTÉ MA VIE AU SPÉCIALISTE DU CORTEX PRÉFRONTAL.

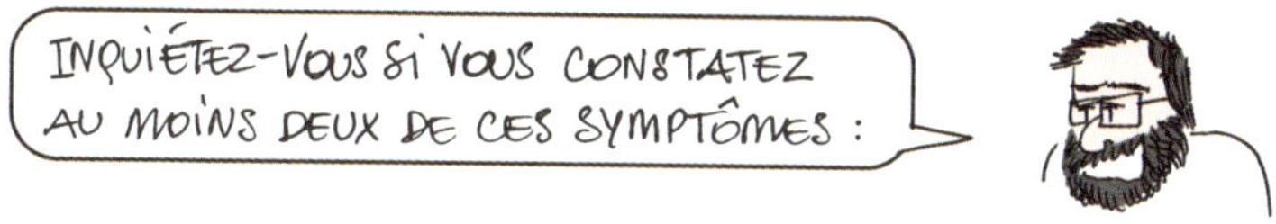

Ⓐ VOUS N'ARRIVEZ PLUS À CHOISIR DANS LE MENU D'UN RESTAURANT (NON CHINOIS) ;

Ⓑ VOUS COLLECTIONNEZ DE VIEUX LAVE-LINGE ROUILLÉS ;

Ⓒ VOUS INVESTISSEZ VOS ÉCONOMIES DANS LES BONS DU TRÉSOR GREC.

ET SURTOUT MÉFIEZ-VOUS DE QUICONQUE PROPOSE DE VOUS APAISER EN PERÇANT VOS CAVITÉS ORBITOFRONTALES AVEC UN PIC À GLACE POUR EN EXTRAIRE VOS LOBES FRONTAUX.

ALLEZ, JE VOUS TAQUINE... BONNE CONTINUATION !
VOUS AVEZ DE L'HUMOUR, DOCTEUR, ÇA VOUS DIRAIT DE FAIRE UN LIVRE SUR LE CERVEAU AVEC MOI ?
PROF. LEVY

SUR LE MODÈLE DES RÉCITS D'OLIVER SACKS... J'ADORE L'HUMANITÉ AVEC LAQUELLE IL SE PENCHE SUR SES PATIENTS.
C'EST GENTIL DE ME LE PROPOSER, MAIS VOUS NE TROUVEREZ PAS D'OLIVER SACKS ICI.
PROF. LEVY

POURQUOI ?
AUJOURD'HUI, LA RECHERCHE SE NOURRIT DE STATISTIQUES, ON N'ÉTUDIE PLUS DE CAS SINGULIERS À LONGUEUR D'ANNÉE.
ET ON EST TOUS HYPERSPÉCIALISÉS PAR FONCTION, PAR PATHOLOGIE...
PROF. LEVY

VOUS DEVRIEZ FAIRE UN TOUR DE MES COLLÈGUES...
COMMENCEZ PAR LE PROFESSEUR NACCACHE, IL AURA DES CHOSES INTÉRESSANTES À VOUS RACONTER ET TENEZ-MOI AU COURANT DE LA SORTIE DU LIVRE, AU REVOIR !

PLUS TARD, À LA MAISON
LE PROFESSEUR NACCACHE... JE VAIS LE CONTACTER PAR LA COMMUNICATION DE L'HÔPITAL...
OU ALORS JE DEMANDE AU "MONDE" UNE INTRODUCTION OFFICIELLE...
ICM
IL VAUT MIEUX PASSER PAR MA COUSINE NEUROLOGUE QUI VA APPELER SON COLLÈGUE ET...
ÇA ME PRENDRA DES MOIS... JE N'Y ARRIVERAI JAMAIS !
ÇA NE SERAIT PAS MIEUX DE L'APPELER DIRECTEMENT ?
ALLÔ, PROFESSEUR NACCACHE ? JE SUIS FIAMMA LUZZATI, JE PRÉPARE UN LIVRE SUR LE CERVEAU ET J'AURAIS BESOIN DE VOS LUMIÈRES...

LE BAIN de SCIENCE de FIAMMA

QUAND LE CERVEAU OUBLIE DE RESPIRER

À L'INSTITUT DU CERVEAU, DANS LE SERVICE DU PROFESSEUR NACCACHE

ONDINE L'ÉPOUSA, ENFANTA ET SA BEAUTÉ FLÉTRIT, ALORS L'ÉPOUX OUBLIA SA PROMESSE ET LA FIT COCUE.

NI UNE NI DEUX ONDINE LUI LANÇA UN SORT: "SI TU OUBLIES DE RESPIRER, TU MOURRAS, MON CHÉRI."
EN D'AUTRES TERMES, SI TU T'ENDORS, TU Y PASSES.

ÉVIDEMMENT L'ÉPOUX FINIT PAR S'ENDORMIR ET TOMBA RAIDE MORT.

MOI, JE SUIS L'ÉPOUX, J'AI LE SYNDROME D'ONDINE. N'AYEZ PAS PEUR, C'EST CONGÉNITAL, L'EFFET D'UNE MUTATION GÉNÉTIQUE.

MON SYSTÈME NERVEUX CENTRAL N'ENVOIE PAS L'ORDRE DE RESPIRER AUTOMATIQUEMENT COMME IL LE FAIT, PAR EXEMPLE, POUR LA CIRCULATION SANGUINE.

LE JOUR, MON CORTEX CÉRÉBRAL DÉCIDE DE RESPIRER, MAIS LA NUIT, PLUS DE VOLONTÉ, ALORS JE ME BRANCHE À MON VENTILATEUR MÉCANIQUE.
AH, ÇA DOIT ÊTRE PÉNIBLE...

NAN, MON CAS N'EST PAS GRAVISSIME ET J'AI ÉTÉ TRAITÉ AU BERCEAU. VOUS SAVEZ COMMENT ÇA SE PASSE?
NON...

DÈS QUE LE BÉBÉ PIQUE UNE SIESTE, IL DEVIENT BLEU. MA MÈRE ÉTAIT ÉPUISÉE PAR L'ACCOUCHEMENT, C'EST MON PÈRE QUI S'EN EST APERÇU, J'ÉTAIS LE TROISIÈME REJETON, ALORS IL N'Y EST PAS ALLÉ PAR QUATRE CHEMINS : IL M'A SECOUÉ COMME UN POMMIER.
HÉ! QU'EST-CE QUE T'AS, MON GARS??

INFIRMIÈRE ! MON BÉBÉ A UN PROBLÈME !
IL NE DORT PAS ?
IL A DU MAL À RESPIRER !
IL AVAIT PASSÉ UN DIPLÔME DE SECOURISME, IL SAVAIT RECONNAÎTRE UN CYANOTIQUE.

À PARTIR DE LÀ, À CHAQUE SOMME, PAF ! ON M'A BRANCHÉ À UN VENTILATEUR.
ET COMMENT C'EST, DE DÉPENDRE DE CET ENGIN ?

PETIT, ÇA ALLAIT, EN FAMILLE J'ÉTAIS CHOUCHOUTÉ ET, À L'EXTÉRIEUR, TOUT LE MONDE L'IGNORAIT. LA "DIFFÉRENCE" N'ÉTAIT PAS ENCORE DE MISE. À L'ÉCOLE, JE N'EN PARLAIS PAS. UN JOUR, MON MEILLEUR COPAIN A DÉCOUVERT MON SECRET.

ET MOI, J'AI DÉCOUVERT LA HONTE, CELLE QUI FAIT FRIRE LES JOUES ET DRESSER LES CHEVEUX.

C'ÉTAIT MON PREMIER GROS BOBARD, JE ME SUIS DÉPATOUILLÉ ET J'ÉTAIS FIER DE MOI. CE JOUR-LÀ, MON FUTUR S'EST JOUÉ : J'AI COMPRIS QUE J'ÉTAIS UN COMMERCIAL.

ET VOUS SAVEZ CE QUE JE FAIS ? JE VENDS DES ASPIRATEURS !
DRÔLE, HEIN ?...
NON ?

MOI, SANS SOUFFLE, JE VENDS DES ASPIRATEURS À LA TERRE ENTIÈRE !
HA HA !
EH, OUI ! Hi Hi !

ENFIN, LES ASPIRATEURS, C'EST RÉCENT, J'AI TOUT VENDU DANS MA VIE : BAGNOLES, FRINGUES, ORDINATEURS... PEU IMPORTE.
CE QUI COMPTE, C'EST LA CONQUÊTE.
JE SUIS UN PIONNIER ET LE CLIENT, UN PAYS INCONNU À CONQUÉRIR.

JE VIENS DE SIGNER UN GROS CONTRAT AVEC UN DISTRIBUTEUR, VOUS SAVEZ COMMENT ? LE GARS EST FOU DE CUISINE, JE LE FILE ET JE DÉCOUVRE QU'IL PREND DES COURS DANS UNE PETITE ÉPICERIE ITALIENNE DU IXE ARRONDISSEMENT.
AUJOURD'HUI, ON ATTAQUE LES RAVIOLIS...
MOI, J'AI UN SUPER CUTTER POUR LES RAVIOLIS !
C'EST VRAI ?

TU PARLES, JAMAIS FAIT DE RAVIOLIS DE MA VIE!
MAIS J'AI DES RELATIONS PARTOUT ET J'AI DÉNICHÉ LE CUTTER.
DU SUPER LUXE : LAME JAPONAISE, FABRICATION ALLEMANDE... DE LA HAUTE COUPURE! HA HA HA!
GÉNIAL!

C'EST BEAU DE RENDRE LES GENS HEUREUX.
IL SUFFIT DE SI PEU.

TOUT ÇA POUR DIRE QUE JE M'EN TIRE BIEN MAINTENANT, MAIS ÇA N'A PAS TOUJOURS ÉTÉ FACILE.
À L'ADOLESCENCE, L'HISTOIRE DU VENTILATEUR NE PASSAIT PAS.

J'ÉTAIS FORT EN HISTOIRES, J'AI SLALOMÉ ENTRE CAMPINGS ET WEEK-ENDS JUSQU'À MA PREMIÈRE NUIT D'AMOUR.

L'AMOUR A ÉTÉ PLUS FORT QUE TOUT. SES PARENTS PARTIS, J'AI COUCHÉ CHEZ ELLE, J'AVAIS 18 ANS.

JE L'AI REGARDÉE JUSQU'À CE QU'ELLE S'ÉCROULE.
ELLE A CRU QUE J'ÉTAIS UN GRAND ROMANTIQUE.

JE VOULAIS TENIR TOUTE LA NUIT MAIS J'AI CRAQUÉ ET
ME SUIS ENDORMI. ÉVIDEMMENT ELLE S'EST RÉVEILLÉE LA PREMIÈRE.

J'AI PAS BOUGÉ, J'AI ESSAYÉ DE DISPARAÎTRE DANS LES DRAPS. JE SUIS DEVENU UN DRAP. HA HA HA! ELLE S'ATTENDAIT À UN RÉVEIL PLUS SEXY. JE NE L'AI PLUS REVUE.

DEPUIS, C'EST LA PREMIÈRE CHOSE QUE JE DIS AUX GENS.

AVEC LES NANAS J'ATTENDS LE DESSERT.

D'HABITUDE, ÇA PASSE, LES FEMMES SONT COMPRÉHENSIVES, MAIS – À LA LONGUE – LA CONTRAINTE PEUT PESER.

NON, IL Y A DES CHOSES QUE JE NE PEUX PAS FAIRE,
J'AI BESOIN DU COURANT, MOI. C'EST PEUT-ÊTRE
POUR ÇA QUE J'AIME BIEN LES ASPIRATEURS.

AVEC LE TEMPS, J'AI APPRIS CE QU'IL FAUT ÉVITER.
COMME LE MOT "MORT". ÇA FAIT FLIPPER LES FILLES. PAS LES MECS,
NOUS, ON CONNAÎT : ON SE TIRE DESSUS DEPUIS LA NUIT DES TEMPS.
L'ÉVANOUISSEMENT, C'EST PLUS DOUX, ÇA PARLE AUX FEMMES.

ENFIN, MON VENTILATEUR NE M'A PAS EMPÊCHÉ DE TRAVAILLER, D'AVOIR DES COPINES... JE PEUX QUASIMENT TOUT FAIRE...
AVEC UN PEU D'ORGANISATION.

VOUS ÊTES ORGANISÉE, VOUS ?
MOI ? PAS TELLEMENT...

ALORS, ON N'EST PAS FAITS L'UN POUR L'AUTRE !
HA HA HA !
EH OUI, HÉ HÉ !

MONSIEUR XXXXX ?
C'EST MOI, DÉSOLÉ, IL FAUT QUE J'Y AILLE. BONNE CONTINUATION !
DE MÊME.

ET MOI, QUI ME PLAINS POUR UN RIEN... JE SUIS UNE VRAIE MAUVIETTE.

BONJOUR, FIAMMA, LIONEL NACCACHE. VOUS AVEZ RENCONTRÉ M. XXXX ?
AH, OUI, FORMIDABLE ! VOUS L'AVEZ SOIGNÉ ?

MALHEUREUSEMENT ON NE PEUT RIEN POUR LUI, MAIS IL S'EST SOUMIS À UN TEST QUI NOUS A PERMIS DE VALIDER UNE HYPOTHÈSE INTÉRESSANTE.
C'EST-À-DIRE ?

CHEZ CES PATIENTS, LA RESPIRATION EST UNE ACTION VOLONTAIRE QUI ENGAGE UNE PARTIE DU CORTEX...

VOUS VOYEZ, LE CERVEAU EST UNE MAISON À TROIS NIVEAUX : LE TRONC CONTRÔLE LES ACTIVITÉS RÉFLEXES COMME LA RESPIRATION, LES NOYAUX GRIS, LES ACTIVITÉS AUTOMATIQUES COMME LA MARCHE, ET LE CORTEX, LES ACTIVITÉS VOLONTAIRES.

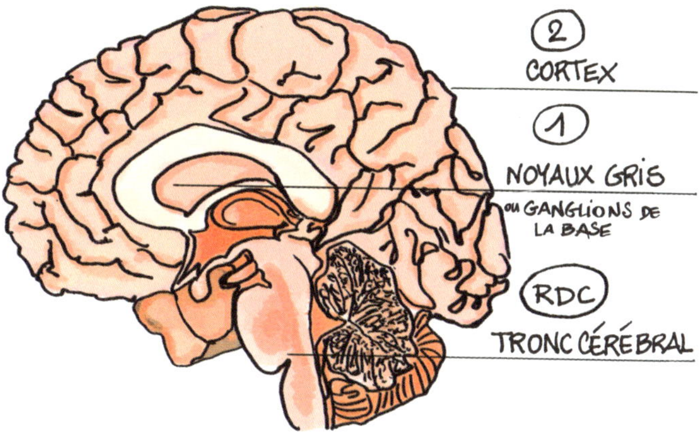

ON A SUPPOSÉ QUE SI UNE PARTIE DU CORTEX EST OCCUPÉE À DONNER L'ORDRE DE RESPIRER, ELLE N'EST PAS DISPONIBLE POUR UNE AUTRE ACTIVITÉ, CE QUI REND LES PATIENTS MOINS PERFORMANTS ET MOINS IMAGINATIFS.

LE VENTILATEUR MÉCANIQUE LIBÈRE CETTE PARTIE DE LEUR CORTEX, DU COUP, ILS PEUVENT COMPTER SUR TOUT LEUR POTENTIEL CÉRÉBRAL, MIEUX RÉFLÉCHIR ET APPRENDRE.

JUSTEMENT, CE PATIENT AVAIT L'IMPRESSION DE RÉUSSIR MIEUX DES ÉVALUATIONS À L'ÉCOLE S'IL ÉTAIT BRANCHÉ À SON VENTILATEUR.

ET L'IMAGERIE CÉRÉBRALE NOUS A CONFIRMÉ QUE SON CERVEAU S'ACTIVE SELON UN PROFIL "NORMAL" LORSQU'IL ACCOMPLIT DIFFÉRENTES TÂCHES BRANCHÉ.

IL ARRIVE SOUVENT QUE LA PATHOLOGIE NOUS RENSEIGNE SUR LA PHYSIOLOGIE : DANS CE CAS, LE REMPLACEMENT D'UN AUTOMATISME PAR UN ACTE VOLONTAIRE EST UNE DÉPENSE POUR LE CERVEAU.
INTÉRESSANT...

ET CE QUE JE TROUVE FASCINANT EST QUE LE CERVEAU ET LA PEAU SONT ISSUS DE LA MÊME COUCHE DE CELLULES DE L'EMBRYON...

L'ORGANE LE PLUS PROTÉGÉ DE NOTRE CORPS ET CE QU'ON A DE PLUS EXPOSÉ ONT LA MÊME ORIGINE...
IL Y A UN LIEN FORT ENTRE LA PERSONNE QUE NOUS SOMMES ET CE QUE NOUS DONNONS À VOIR DE NOUS !

C'EST ÉPATANT !
AH, OUI, LE CERVEAU A ENCORE MOYEN DE NOUS ÉPATER PENDANT LONGTEMPS !

JE VAIS EN PARLER DANS MON LIVRE ! VOUS SAVEZ, JE VEUX QUE ÇA SOIT UN ATLAS, JE VEUX EXPLORER TOUTES LES RÉGIONS DU CERVEAU...
UN ATLAS ?... JE NE SAIS PAS SI C'EST UNE BONNE IDÉE... LE CERVEAU NE MARCHE PAS PAR RÉGIONS MAIS PAR RÉSEAUX.

VOUS DEVRIEZ PLUTÔT VOUS INTÉRESSER AUX PATHOLOGIES... JE PENSE À UNE COLLÈGUE, UNE NAPOLITAINE TRÈS SYMPATHIQUE, ÉNERGIQUE, VOLONTAIRE... ELLE S'APPELLE LARA.
LARA ?...

LE BAIN de SCIENCE
de FIAMMA

LA FEMME QUI PRENAIT SON MARI POUR UN CHAPEAU

UN APRÈS-MIDI, À L'ICM
ÇA TE VA SI ON S'ASSOIT DEHORS ? IL FAIT SI BEAU !
OUAIS...

ET DONC TU T'OCCUPES DE MALADIES DÉGÉNÉRATIVES...
C'EST ÇA.

UNE NAPOLITAINE TRÈS SYMPATHIQUE, ÉNERGIQUE, VOLONTAIRE...

MON CHAT VIENT DE MOURIR. 17 ANS QU'IL VIVAIT AVEC MOI... PLUS QUE MON MARI.
DÉSOLÉE...

J'ESPÈRE QU'ELLE NE VA PAS ME BASSINER AVEC SES HISTOIRES DE MATOU...

J'ADORE TON HUMOUR... MAIS AUJOURD'HUI, AVEC MOI, TU NE T'EN SORTIRAS PAS AVEC QUELQUE CHOSE DE LÉGER.

JE VOUDRAIS TE PARLER D'ADÈLE.

ELLE AVAIT 49 ANS QUAND JE L'AI RENCONTRÉE.
UNE FEMME ÉPANOUIE, TROIS GOSSES, UN COMPAGNON,
UN TRAVAIL TRÈS PRENANT... LA BOBO PARISIENNE.

J'AVAIS SUIVI MA COPINE FRANÇOISE, QUI ÉTAIT AUSSI SA MEILLEURE AMIE.

DANS SON IMMENSE ATELIER TRÔNAIT UNE TABLE RECOUVERTE
DE PAPIERS DÉCOUPÉS, UN COLLAGE TRÈS SAVANT.

JE L'AI PARCOURU COMME UN ROULEAU CHINOIS,
UNE ÉPOPÉE QUI CONDUISAIT DANS SON PAYS : LE LUXE.

JE SUIS TOUJOURS ÉBAHIE PAR CES INTÉRIEURS OÙ MÊME LE DÉSORDRE EST RÉFLÉCHI. TOUT RIME, TOUT SE RÉPOND : LES CHAISES DÉPAREILLÉES, LES VIEUX JOUETS, LES BOÎTES JAPONAISES...
STOP&DRINK
Liquor House
LOVE
Budweiser
TRUE

UN MÉLI-MÉLO SURCHARGÉ ET HARMONIEUX SI DIFFÉRENT DE MON UNIVERS DÉPOUILLÉ.

LES NEUROLOGUES ONT UN MINUSCULE CHAMP D'ACTION,
NOUS SOMMES DES SPÉCIALISTES DU DÉTAIL.
ADÈLE L'ÉTAIT AUSSI, ÇA ME LA RENDAIT PROCHE.

JE SUIS RENTRÉE CHEZ MOI UN PEU JALOUSE.

ET JUSTEMENT CE SONT LES DÉTAILS QUI ONT CLOCHÉ EN PREMIER.
ADÈLE N'AVAIT JAMAIS ÉTÉ UNE GRANDE LECTRICE,
ELLE POUVAIT SE PASSER DU DERNIER ROMAN.

ALEXIE SIGNIFIE PERTE DE LA LECTURE, LES MOTS SE BROUILLENT, UNE PAGE DEVIENT UN TABLEAU ABSTRAIT COMME POUR UN ENFANT DE MATERNELLE.

C'EST IMPRESSIONNANT, LES ALEXIQUES : ILS SAVENT TOUJOURS ÉCRIRE MAIS NE PEUVENT PLUS LIRE CE QU'ILS ONT ÉCRIT.

ENSUITE, SES OBJETS ONT COMMENCÉ À SE MUTINER CONTRE "LE BON GOÛT". SES COMPOSITIONS SONT DEVENUES ÉTRANGES, PUIS INCONGRUES.

L'UN APRÈS L'AUTRE SES COMMANDITAIRES L'ONT ABANDONNÉE. SEULE FRANÇOISE LUI RESTAIT FIDÈLE ET RATTRAPAIT SES BOURDES.

SES REVENUS NE LUI PERMETTAIENT PLUS DE SE PAYER LES SORTIES, LES BEAUX HÔTELS. ELLE N'ÉTAIT PLUS BRANCHÉE. SA BANDE D'AMIS A PRIS LE LARGE AVEC SON COMPAGNON, QUI AVAIT TOUJOURS VÉCU À SES CROCHETS.

HEUREUSEMENT, LES TROIS COPINES DU BON VIEUX TEMPS NE LA LÂCHAIENT PAS.

ELLES PRENAIENT SON REGARD ÉGARÉ POUR UNE COMÉDIE ET ADÈLE JOUAIT LE JEU. ELLE AVAIT DU MAL À RECONNAÎTRE LES VISAGES, IL FAUT DIRE QUE C'EST COMPLEXE, UN VISAGE, SI CHANGEANT AVEC LES ÉMOTIONS, LA LUMIÈRE...

LES AGNOSIQUES COMME ADÈLE S'AGRIPPENT À D'AUTRES SIGNES DISTINCTIFS : UN GESTE, UN ACCENT... ILS S'ACCROCHENT, ILS NIENT, ILS SE TROMPENT EUX-MÊMES ET FINALEMENT ILS LÂCHENT.

QUAND ELLES ONT DÉBARQUÉ, JE CONNAISSAIS DÉJÀ TOUTE L'HISTOIRE.
ADÈLE ME FOUILLAIT DU REGARD COMME UN PAYSAGE INCONNU,
À LA RECHERCHE D'UN TRONC D'ARBRE, D'UNE CLAIRIÈRE POUR SE REPÉRER.

ELLE S'EXPRIMAIT CORRECTEMENT. À L'ÉCOUTER, TOUT SEMBLAIT
EN ORDRE. RIEN À SIGNALER DU CÔTÉ DU CALCUL NON PLUS.
LA LECTURE, PAR CONTRE, ÉTAIT TRÈS AFFECTÉE.

TOUS ENSEMBLE, ILS LA DÉSORIENTAIENT, MAIS PRIS UN PAR UN, LES MÊMES OBJETS LUI PARLAIENT ENCORE.

SES COPIES ÉTAIENT "SERVILES" : ELLE REPRODUISAIT LES IMAGES SANS EN COMPRENDRE LA SIGNIFICATION.

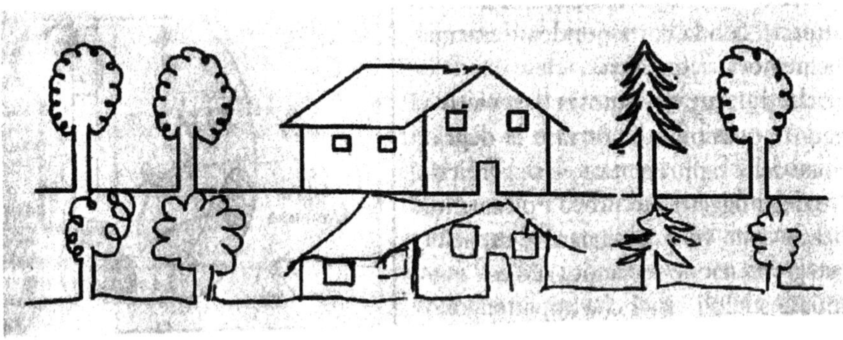

EN REVANCHE SON IMAGINATION RESTAIT INTACTE :
ELLE POUVAIT DESSINER UN ARROSOIR PAR COEUR,
SAUF QUE LE LENDEMAIN ELLE NE LE RECONNAISSAIT PLUS.

QUE LUI ÉTAIT-IL ARRIVÉ ?
LES NEURONES DES PARTIES OCCIPITALE, PARIÉTALE ET TEMPORALE POSTÉRIEURES DE SON CERVEAU S'ATROPHIAIENT.

LE NERF OPTIQUE ENVOIE LES IMAGES DE LA RÉTINE À CETTE PARTIE DU CERVEAU RESPONSABLE DE LA VISION...
C'EST OÙ, ÇA ?
LÀ, DERRIÈRE, AU NIVEAU DE LA NUQUE...

DANS LA VISION PLUSIEURS AIRES CÉRÉBRALES S'ACTIVENT, ON PENSE QUE CHACUNE A UNE FONCTION SPÉCIALISÉE : L'IDENTIFICATION DES VISAGES, DES LETTRES, DES OBJETS...
ELLES INTERAGISSENT MAIS ON NE SAIT PAS ENCORE COMMENT.
EN GROS, QUAND TU REGARDES CE TÉLÉPHONE, L'INFORMATION VISUELLE SUIT DEUX CHEMINS : LA VOIE DU "QUOI" PERMET D'IDENTIFIER L'OBJET ET LA VOIE DU "OÙ" PROGRAMME LE MOUVEMENT POUR L'ATTEINDRE.

DANS LE CAS D'ADÈLE LES MOUVEMENTS ÉTAIENT COHÉRENTS, SIGNE QUE SA VOIE DU "OÙ" FONCTIONNAIT CORRECTEMENT, MAIS LA VOIE DU "QUOI" ÉTAIT GRAVEMENT ATTEINTE : ELLE N'ARRIVAIT PLUS À IDENTIFIER LE MARTEAU.

L'IMAGERIE MÉDICALE MONTRAIT UNE DÉGÉNÉRESCENCE DES AIRES OCCIPITALES. REGARDE CETTE IMAGE DE SON CERVEAU : CET EXAMEN S'APPELLE "T.E.P."

ON DÉDUIT L'ÉTAT DU CERVEAU DE SA CONSOMMATION DE GLUCOSE, UN CERVEAU QUI EN CONSOMME PEU EST ATROPHIÉ. DANS L'IMAGE, C'EST LA PARTIE EN VERT : ELLE ÉTAIT TRÈS ÉTENDUE.
ET ALORS ?

ET ALORS SON ÉTAT CÉRÉBRAL ÉTAIT PLUS COMPROMIS QUE CE À QUOI JE M'ATTENDAIS : ÇA VEUT DIRE QUE DANS SES TROIS, QUATRE ANS DE MALADIE ELLE AVAIT BEAUCOUP COMPENSÉ.
COMPENSÉ ?

PLUS IL EST JEUNE, PLUS UN CERVEAU MALADE ARRIVE À COMPENSER SON DÉFICIT. C'EST COMME DANS CES LABYRINTHES ÉLECTRONIQUES : SI LA VOIE DU "QUOI" EST BOUCHÉE, LES NEURONES TROUVENT D'AUTRES CHEMINS POUR IDENTIFIER TANT BIEN QUE MAL L'OBJET DE LA VISION.

ELLE DEVAIT SE TROMPER DE PLUS EN PLUS SOUVENT
MAIS QUELQUE CHOSE LUI PERMETTAIT ENCORE
DE CHOISIR SES FRUITS AU SUPERMARCHÉ.
PEUT-ÊTRE LA COULEUR, OU L'HABITUDE
DE LES TROUVER TOUJOURS À LA MÊME PLACE...

ELLE RECONNAISSAIT PEUT-ÊTRE LE PARFUM
D'UNE CLÉMENTINE, OU LE VELOUTÉ D'UNE PÊCHE.
CES MALADIES SUIVENT LE PARCOURS INVERSE DE L'ONTOGENÈSE :
ELLES ATTAQUENT LA PARTIE LA PLUS ÉVOLUÉE DU CERVEAU – LE CORTEX –
POUR PROGRESSER ENSUITE VERS LA PARTIE "PRIMAIRE" – ENFOUIE –
QUI CONTRÔLE L'OLFACTION, L'OUÏE, LE TOUCHER.

ET TU LUI AS DIT LA VÉRITÉ ?
ELLE L'A EXIGÉE.

QU'EST-CE QUE J'AI, LARA ?
UNE MALADIE DÉGÉNÉRATIVE QUI...
APPELLE-LA PAR SON NOM.
ATROPHIE CORTICALE POSTÉRIEURE, UNE FORME RARE D'ALZHEIMER.

JE NE M'Y ATTENDAIS PAS. ELLE ÉTAIT IMPITOYABLE ET EN MÊME TEMPS PANIQUÉE, UN MÉLANGE DE FORCE ET DE FAIBLESSE.

C'EST VRAI ? ON NE PEUT RIEN FAIRE ??
LA PHARMACOLOGIE EST TRÈS EN RETARD DANS CES MALADIES. LA RÉHABILITATION PEUT RETARDER LE DÉCLIN, MAIS BON...
ET ALORS ?

COMBIEN DE VIE IL ME RESTE ?
TA VIE N'EST PAS EN PÉRIL.
AVANT DE DÉRAPER, LARA.
JE... JE NE SAIS PAS.

IL N'Y AVAIT PLUS RIEN À DIRE.
ELLE S'EST LEVÉE ET SILENCIEUSEMENT ELLE A COMMENCÉ À CHERCHER SON CHAPEAU, QUI ÉTAIT SUR UNE CHAISE PRÈS DE LA PORTE.

ELLE NE LE RECONNAISSAIT PLUS. J'AI PENSÉ AU RÉCIT D'OLIVER SACKS "L'HOMME QUI PRENAIT SA FEMME POUR UN CHAPEAU". AURAIT-ELLE ATTRAPÉ MA TÊTE À LA PLACE DE SON CHAPEAU ?

JE LE LUI AI TENDU, ELLE M'A REMERCIÉE
D'UN REGARD NOIR, ENTRE LA RAGE ET LA HONTE.
ELLE N'ACCEPTAIT PAS SA MALADIE ET ELLE AVAIT RAISON.

SI ELLE L'AVAIT ACCEPTÉE, ELLE SERAIT PEUT-ÊTRE
DEPUIS LONGTEMPS DÉPENDANTE. JE N'AI PAS DE PREUVES
SCIENTIFIQUES, MAIS JE CROIS QUE CEUX QUI S'EN SORTENT
LE MIEUX SONT LES COMBATTANTS EN COLÈRE.

ON DEVRAIT SE METTRE PLUS SOUVENT EN COLÈRE, FIAMMA.
ET QU'EST-CE QU'ELLE EST DEVENUE ?

ÇA FAIT UN MOMENT QUE JE N'AI PLUS DE NOUVELLES. IL Y A QUELQUE TEMPS, J'AI SU PAR FRANÇOISE QU'ELLE FAISAIT DU CHEVAL...

DU CHEVAL ?
OUI, ELLE AIMAIT ÇA ET S'OCCUPER DES ANIMAUX FAIT DU BIEN AUX PATIENTS.

COMMENT SE SENT LE MÉDECIN FACE À UNE ADÈLE ?
QUAND IL N'Y A PLUS RIEN À FAIRE, RESTE TOUJOURS LA PAROLE. ET LA PAROLE A DU POUVOIR.

LA PAROLE MOTIVE LE PATIENT ET L'ENTOURAGE, ELLE COMBAT L'ABOULIE.

IL FAUT ADAPTER LA MAISON, CRÉER DES CODES COULEURS QUI SERVENT DE REPÈRES... IL FAUT ARROSER LA RELATION JOUR APRÈS JOUR, COMME UNE PLANTE.

UN PATIENT ISOLÉ DEVIENT VITE APATHIQUE,
PUIS AGRESSIF. LA SITUATION PEUT SOUDAIN DÉRAPER.

MON RÔLE EST D'ÉTABLIR UN PROGRAMME
ET DE CONVAINCRE TOUT LE MONDE DE S'Y TENIR...

ET TOI ? POURQUOI TU T'INTÉRESSES TANT AU CERVEAU ?
MOI ?...

PEU APRÈS, DANS LES ALLÉES DE LA SALPÊTRIÈRE
POURQUOI ?...
PEUT-ÊTRE PARCE QUE J'AI GRANDI DANS LA MALADIE ET QUE JE L'AI FUIE...
TROP TÔT, TROP VITE...

ET LÀ, J'AI BESOIN D'Y RETOURNER POUR COMPRENDRE... POUR ME PACIFIER...
ENFIN, JE N'EN SAIS RIEN...

LE LENDEMAIN
ALLÔ, CHRISTOPHE ?... ÇA VA ? TU SAIS, J'AI RÉFLÉCHI ET J'AIMERAIS VENIR VOUS VOIR...
COMBIEN DE TEMPS ?... JE NE SAIS PAS, UN JOUR OU DEUX... OUI...
CE MERCREDI ?
TU VEUX DIRE DEMAIN...?

LE BAIN de SCIENCE
— de FIAMMA —

LÀ OÙ ON RAMASSE LA POUSSIÈRE ET LES MOTS

GARE DE BLOIS, UN MERCREDI VERS 11 HEURES

11 H 25

11 H 45

BONJOUR ! C'EST LA NAVETTE POUR LA BORDE ?
OUI.
PANT
PANT
VROOM
VROOM

TOUT LE MONDE EST LÀ ?
ON EST SIX.
SUR MA FEUILLE, C'EST MARQUÉ 7. BON, ON Y VA.

C'EST PAS À LA DÉGAINE MAIS PLUTÔT À LA SALETÉ DE LEUR CAMIONNETTE QU'ON LES RECONNAÎT.

VERS MIDI
LA VACHE... C'EST DANS UN VRAI CHÂTEAU!
VOUS ARRIVEZ DE PARIS? MOI AUSSI, JE VIVAIS À PARIS, JE TRAVAILLAIS À SACLAY, VOUS CONNAISSEZ?

JE FAIS DES RECHERCHES DANS L'ÉLECTROMAGNÉTISME, JE SUIS PHYSICIEN, JE ME SUIS OCCUPÉ DE CONCEVOIR LES APPAREILS DE MESURE DE... BLA-BLA-BLA...
C'EST VRAI...?
OUI, JE... BLA-BLA-BLA...
... NON, CE N'EST PAS VRAI, IL EST MALADE.
BLA-BLA-BLA BLA-BLA...
COMMENT VAIS-JE ME DÉPATOUILLER?

TON FRÈRE NE VA PAS BIEN, IL VEUT MANGER SEUL DANS LA CUISINE, T'AS QU'À RESTER DANS TA CHAMBRE.
POURQUOI ON DOIT TOUS S'ENFERMER?
PARCE QU'IL VEUT ÊTRE SEUL.

QUAND IL S'ENFERME DANS LA CUISINE, IL HURLE ET CASSE DES CHOSES !
C'EST RIEN, IL NE FAIT DE MAL À PERSONNE.
ALLEZ, VAS-Y !

MAIS J'AI INVITÉ DES COPINES...
ELLES TROUVERONT ÇA BIZARRE... JE NE PEUX PAS LEUR EXPLIQUER !

CHEZ NOUS,
AU BOUT D'UN LONG
COULOIR DE PORTES FERMÉES,
IL Y A LA CHAMBRE DU MINOTAURE...

BLA
LÂCHE-MOI!

FIAMMA! ÇA VA?
SALUT, CHRISTOPHE!
TU M'ACCOMPAGNES À LA GARDERIE?

LA CLINIQUE A SA GARDERIE?
OUI, POUR LES TOUT-PETITS. MES ENFANTS Y VONT LE MERCREDI.
ET ILS AIMENT?
BEAUCOUP. SURTOUT MON FILS. MA FILLE AUSSI, MAIS...

QUAND ELLE ÉTAIT PETITE, SI BLONDE ET SI JOLIE, LES PENSIONNAIRES VOULAIENT TOUS LUI FAIRE DES BISOUS. ÇA L'A IMPRESSIONNÉE.
LES PENSIONNAIRES ?
OUI. ICI IL N'Y A PAS DE PATIENTS.

VOILÀ LA GARDERIE ! JEAN OURY, LE FONDATEUR DE LA CLINIQUE, L'A CONÇUE AVEC FRANÇOISE DOLTO À MESURE D'ENFANT. DANS LES ANNÉES 70 TOUT LE PERSONNEL ÉTAIT JEUNE.
MAGNIFIQUE !
ET ÇA PEUT AUSSI DÉPANNER LES PENSIONNAIRES.

ÇA DOIT ÊTRE BEAU DE GRANDIR ICI, LIBRE DANS LA NATURE...

ET IL N'Y A PAS DE CLÔTURE... PAS DE SÉPARATION D'AVEC LA CLINIQUE.

LÀ-BAS, ON A LE POULAILLER ET LES ÉCURIES. AUJOURD'HUI, IL Y A CLUB D'ÉQUITATION.
JE VEUX VOIR ÇA !
TU Y FERAS UN TOUR APRÈS LE DÉJEUNER.

PEU APRÈS, DANS UN SALON DU CHÂTEAU
PAS D'UNIFORMES, PAS DE BADGES... ON NE SAIT PAS QUI EST QUI... C'EST DÉROUTANT.
CHRISTOPHE ~ PSYCHIATRE
?
?
?
?

OURY TENAIT À LA CUISINE. ET À L'ÉPLUCHAGE DES LÉGUMES : C'EST UN MOMENT THÉRAPEUTIQUE IMPORTANT. TOUT LE MONDE Y PASSE PAR ROULEMENTS.
C'EST DRÔLEMENT BON !

ON SE RETROUVE DANS UNE DEMI-HEURE POUR LA RÉUNION DU CLUB !
LA RÉUNION DU CLUB ?...
C'EST TOI QUI FAIS DE LA BD ?

TU VAS NOUS TIRER LE PORTRAIT !
C'EST QUI, CELUI-LÀ ?
MARC
~
PSYCHANALYSTE

J... JE NE SUIS PAS PORTRAITISTE...
MAIS TU FAIS DE LA BD !
OUI, MAIS...
BEN, MOI, JE VEUX ME VOIR, HEIN ?
C'EST UN FOU.

VERS 14H30, À LA "RÉUNION DU CLUB" DANS LE GRAND SALON

VERS 15H30, À LA "RÉUNION DE LA FEUILLE DU JOUR" POUR LE LENDEMAIN

ICI, C'EST MOINS "MÉDICALISÉ" QUE DANS D'AUTRES HÔPITAUX PSYCHIATRIQUES, NON ?
C'EST FAUX. ICI, ON ADMINISTRE AUTANT DE PSYCHOTROPES QU'AILLEURS. JE SUIS MÉDECIN, JE SAIS DE QUOI JE PARLE.
ET MALHEUREUSEMENT ÇA EMPIRE PAR LES TEMPS QUI COURENT.
UNE PSY SUBVERSIVE !

QUAND LE DOCTEUR OURY ÉTAIT LÀ, ON DISCUTAIT SOUVENT DE TOUT ÇA. J'AI UNE CONSCIENCE CRITIQUE, J'AI UN MÉTIER ET DES MOYENS. JE POURRAIS VIVRE DEHORS, MAIS MON HISTOIRE EST TRÈS LOURDE, À L'ÂGE DE DIX ANS J'AI SUBI DES MALTRAITANCES ET MON PÈRE EST PARTI ALORS QUE MA MÈRE A DÉCIDÉ JE EN A PROFITÉ ET ELLE A ESSAYÉ DE CES ET LE DOCTEUR OURY M'A DÉE, SAUF QUE LE PROCÈS DURE DEPUIS DIX ANS NTENANT JE VOUDRAIS QUE LA VÉRITÉ SOIT RÉTABLIE MAIS JE SAIS QUE BLA-BLA...
RATÉ !

À 15 HEURES, AU CLUB D'ÉQUITATION
VOUS ÊTES EN CHARGE DES CHEVAUX ?
JE SUIS AIDE-SOIGNANTE ET J'ADORE M'OCCUPER DES CHEVAUX. C'EST FABULEUX DE VOIR LE BIEN QU'ILS FONT AUX PENSIONNAIRES !

ALLEZ ! DE L'HUILE DE COUDE ! 'FAUT FINIR LE BROSSAGE POUR POUVOIR MONTER !
VOUS ÊTES PENSIONNAIRES ?
NON, JE VIS EN VILLE ET VIENS TROIS FOIS PAR SEMAINE.
MOI, JE FAIS MA THÈSE ICI.
CLAP
CLAP

VERS 17H30, À L'ATELIER DE MODELAGE
J'AIME BIEN LEURS CÉRAMIQUES... ELLES SONT TOUTES CABOSSÉES... COMME EUX.

T'AS VU MON BOL ?
IL EST SUPER, CLAUDE, BRAVO !
CETTE FEMME... JE L'AI VUE DANS "LA MOINDRE DES CHOSES", LE FILM DE PHILIBERT ! ELLE EST LÀ DEPUIS 1995 !

PLUS TARD, DANS LE PARC AVEC LA PSY PENSIONNAIRE
FIAMMA, VOUS CONNAISSEZ PHILIPPE ? IL A 21 ANS, IL EST SCHIZOPHRÈNE, C'EST UN PEINTRE TRÈS DOUÉ.
L'ÂGE DE MON FRÈRE QUAND IL EST TOMBÉ MALADE...

FIAMMA EST AUTEUR DE BD, TU LUI MONTRES TES DERNIERS DESSINS, PHILIPPE ?
OUI...
MERCI.

C'EST BEAU... VOUS VOULEZ EN FAIRE VOTRE MÉTIER ?
OUI, PEUT-ÊTRE...
JE VOUDRAIS ÊTRE PEINTRE...

JE SUIS ICI PARCE QUE MA FAMILLE NE SAIT PAS TROP QUOI FAIRE DE MOI.

PLUS TARD

ALORS ?
OUF... CE LIEU EST...
EXTRAORDINAIRE. C'EST CE QUI M'A POUSSÉ À RESTER IL Y A DIX ANS.

CETTE FEMME QUI EST LÀ DEPUIS VINGT ANS... C'EST IMPRESSIONNANT...
IL Y EN A QUI SONT LÀ DEPUIS VINGT ANS ET D'AUTRES DEPUIS DEUX MOIS, MAIS CE QUI COMPTE EST QUE LE MALADE NE SOIT PAS OUBLIÉ : "CHRONIQUE", ÇA PASSE, MAIS PAS "SÉDIMENTÉ" !

QU'EST-CE QUI CHANGE PAR RAPPORT À D'AUTRES HÔPITAUX PSYCHIATRIQUES ?
ICI IL N'Y A PAS DE VIOLENCE PARCE QU'ON N'EST PAS ENFERMÉS DANS LES RÔLES DE SOIGNANTS-SOIGNÉS ET ON PARTAGE LES RESPONSABILITÉS : CHAQUE MALADE EST UN SUJET AVEC SES PRÉROGATIVES AU SEIN DES CLUBS D'ACTIVITÉS.

LES CLUBS STRUCTURENT LA VIE : ON Y ADHÈRE PAR INTÉRÊT, MAIS ÇA DEVIENT LE PILIER DE CHAQUE JOURNÉE.

ET LES PENSIONNAIRES SONT IMPLIQUÉS AUSSI DANS LES TÂCHES QUOTIDIENNES, COMME LE NETTOYAGE... C'EST IMPORTANT DE PARTAGER CES CHOSES-LÀ... ÇA FAIT PARTIE DE LA THÉRAPIE ET PEU IMPORTE QUE LE MÉNAGE SOIT MOINS PRO.

OURY DISAIT : "ON RAMASSE LA POUSSIÈRE ET LES MOTS", C'EST DANS LES GESTES QUOTIDIENS QU'ON EST AU PLUS PRÈS DES MALADES. ET ÉPLUCHER DES PATATES PEUT ÊTRE UN MOMENT THÉRAPEUTIQUE PLUS EFFICACE QUE LA CONSULTATION AU CABINET.
DOULEUR
ÉCOUTE
EST
ÊTRE
ÉMOTION
CRISE

D'AILLEURS, OURY PENSAIT QUE, POUR TRAVAILLER EN PSYCHIATRIE, AVOIR TRAVERSÉ UNE DÉPRESSION ÉTAIT PLUS IMPORTANT QU'UN DIPLÔME.
PSY DE L'ANNÉE
DÉLIRE
DÉPRESSION SÉVÈRE
ANGOISSE

VIVRE UNE BOUFFÉE DÉLIRANTE ET S'EN SORTIR PEUT ÊTRE UNE OCCASION UNIQUE DE NE PAS FINIR IDIOT ! HA HA HA !
ALORS, JE SUIS SAUVÉE ! HA HA !

MAIS QU'EST-CE QUE "LA PSYCHIATRIE INSTITUTIONNELLE" ?
BEAUCOUP DE CHOSES... ACCEPTER D'ÊTRE SOIGNÉ AUTANT QUE DE SOIGNER...
FAIRE UN TRAVAIL PERMANENT ET LE RÉINVENTER TOUS LES MATINS COMME SI LA CIVILISATION AVAIT ÉTÉ ANÉANTIE PENDANT LA NUIT.

J'AI L'IMPRESSION QU'ICI ON SE SOIGNE SURTOUT DANS LE SOCIAL...
C'EST VRAI, MAIS LA PSYCHOTHÉRAPIE INDIVIDUELLE COMPTE AUSSI BEAUCOUP.
ET ON SE SOIGNE TOUS, "LES PAYANTS ET LES PAYÉS", COMME DISAIT OURY.

SI CES MALADES VIVAIENT CHEZ EUX, ILS SERAIENT COMME MON FRÈRE : ISOLÉS, BARRICADÉS, SANS ESPOIR... ET LES SAINS EN AURAIENT UNE SACRÉE TROUILLE...
CE SYSTÈME FAIT DU BIEN AUX DEUX.

PEUT-ÊTRE QUE VIVRE AU MILIEU DE BEAUCOUP DE FOUS EST PLUS SALUTAIRE QU'EN CÔTOYER UN SEUL.
SI J'AVAIS GRANDI ICI COMME TES ENFANTS, JE ME PORTERAIS MIEUX.
C'EST POSSIBLE ! HA HA HA !

JE POURRAIS CONSACRER UN LIVRE ENTIER À CE LIEU, CHRISTOPHE...
REVIENS NOUS VOIR.

OUI... MAIS IL FAUDRAIT Y PASSER DU TEMPS... UN MOIS, DEUX... ET NE PAS S'Y PERDRE.

NOUS, LES "SAINS", AVONS TOUJOURS PEUR DE NOUS PERDRE.

AURÉLIEN C. - PENSIONNAIRE DE LA BORDE

LE BAIN de SCIENCE
de FIAMMA

LES MODÈLES,
C'EST DES MIROIRS

DE RETOUR CHEZ MOI
TIENS... J'AI LAISSÉ ALLUMÉ...

MAIS... QUI EST-CE...?

OLIVER SACKS ?!?...
BONJOUR ! JE VIENS DE LIRE LE PREMIER CHAPITRE DE VOTRE LIVRE... INTÉRESSANT !

VOUS M'AVEZ INSPIRÉE, VOUS SAVEZ ? J'AIMERAIS AVOIR UN GUIDE COMME VOUS POUR MON LIVRE.
COMME MOI ? À QUOI BON ? IL NE FAUT PAS APPLIQUER MA RECETTE, MAIS LA VÔTRE.

DÉBARRASSEZ-VOUS DES MODÈLES, CE SONT DES MIROIRS : VOUS ÊTES TOURNÉE VERS LE REFLET ET LA VIE EST DERRIÈRE VOUS.

JE SUIS SÛR QUE VOTRE MOTIVATION EST ASSEZ FORTE POUR VOUS GUIDER.

MA MOTIVATION...? MAIS... JE NE SAIS VRAIMENT PAS SI...
SI ÇA VA VENIR ? OUI, NE VOUS INQUIÉTEZ PAS.
VOYEZ-VOUS, C'EST QUE... JE ME PRENDS TELLEMENT LA TÊTE AVEC CES HISTOIRES ET...
OLIVER ?...

LE BAIN de SCIENCE

— de FIAMMA —

DÉMOTIVÉ OU GROS BRANLEUR ?

LA PREMIÈRE FOIS QUE J'AI CROISÉ MA MOTIVATION,
ÇA A ÉTÉ DANS UN CABINET DE RECRUTEMENT.

MON IMAGE DE LA MOTIVATION ÉTAIT LE LOUP DE TEX AVERY
EN DÉLIRE À LA VUE DU PETIT CHAPERON ROUGE.

ÉTAIT-CE CE QUE JE RESSENTAIS POUR CE JOB ?
HÉ, C'EST PAS POUR TOI, ÇA ! ALLEZ, DÉTALE !

LÀ, J'AI SUIVI LE LOUP. J'AI PRIS LA FUITE COMME ROMAIN DURIS À LA FIN DU FILM "L'AUBERGE ESPAGNOLE".
RECRUTEMENT

DANS CETTE PHASE DE MA VIE, ON NE ME PROPOSAIT QUE DES BOULOTS DE "SEGMENTATEUR DE MARCHÉ" ET D'"ANALYSTE STRATÉGIQUE" !
J'AI PLONGÉ DANS LA DÉPRESSION.

ET COMME TOUJOURS DANS LES DÉPRESSIONS, IL Y AVAIT UNE BONNE COPINE POUR ME TENDRE L'ÉPONGE IMBIBÉE DE VINAIGRE QUAND J'ÉTAIS ASSOIFFÉE.

MAIS QU'EST-CE QUE LA MOTIVATION ? ÇA NE ME PARAISSAIT TOUJOURS PAS TRÈS CLAIR.
ET PUIS, UN JOUR, JE SUIS TOMBÉE SUR DEUX SPÉCIALISTES
QUI M'ONT REMIS LES IDÉES EN PLACE.

TOUT PART DE LA RÉGION VENTRALE DES LOBES FRONTAUX, QU'ON POURRAIT APPELER LE "CENTRE DE LA VALEUR".
VOUS ALLEZ COMPRENDRE DANS L'IRM : VOUS VERREZ DES IMAGES, ET LEUR ASSIGNEREZ UNE NOTE ENTRE 0 ET 10.

Ferrari
RESTAURANT "L'ARPÈGE"
UNE FERRARI TESTAROSSA
UN AN DE DÎNERS GRATUITS CHEZ PASSARD
UN VOYAGE AUTOUR DU MONDE

PEU APRÈS
ALORS ?
QUELLE IMAGE A EXCITÉ LE PLUS VOTRE FANTAISIE ?
C'EST BIZARRE DE DEVOIR S'EXCITER DANS UN SCANNER...

ON CONNAÎT VOTRE RÉPONSE : C'EST LE TOUR DU MONDE. ON A OBSERVÉ L'ACTIVITÉ DE VOTRE "CENTRE DE LA VALEUR".
SON EXCITATION NOUS PERMET D'ANTICIPER VOS PRÉFÉRENCES. LES GENS DU MARKETING SERAIENT PRÊTS À PAYER CHER CE GENRE DE DONNÉES !
FRONT
BACK
CERVEAU DE FIAMMA

MAINTENANT JE VOUS DIS QUE LE TOUR DU MONDE SERA VOTRE RÉCOMPENSE SI VOUS ACCOMPLISSEZ UNE TÂCHE...
ET DU CENTRE DE LA VALEUR PART UN SIGNAL VERS LE CENTRE DE LA MOTIVATION SITUÉ DANS LES GANGLIONS DE LA BASE, JUSTE AU-DESSUS DU TRONC CÉRÉBRAL.
V
M

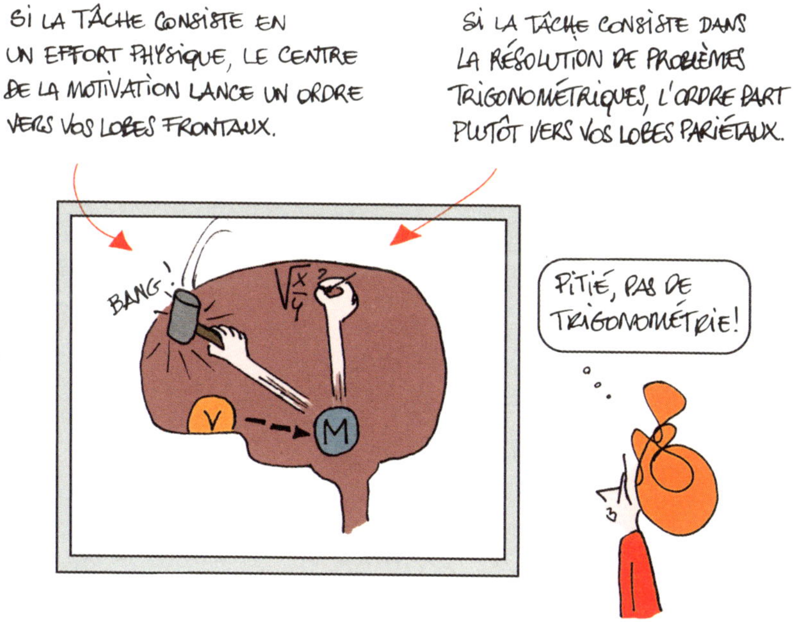
SI LA TÂCHE CONSISTE EN UN EFFORT PHYSIQUE, LE CENTRE DE LA MOTIVATION LANCE UN ORDRE VERS VOS LOBES FRONTAUX.
SI LA TÂCHE CONSISTE DANS LA RÉSOLUTION DE PROBLÈMES TRIGONOMÉTRIQUES, L'ORDRE PART PLUTÔT VERS VOS LOBES PARIÉTAUX.
BANG!
V
M
PITIÉ, PAS DE TRIGONOMÉTRIE!

ET SI LE CIRCUIT EST DÉFAILLANT, VOUS NE FEREZ RIEN : L'APATHIE S'INSTALLE.
TU POURRAIS QUAND MÊME ME FILER UN COUP DE MAIN !
DÉSOLÉE, MON CIRCUIT D'AUTO-ACTIVATION PSYCHIQUE EST EN PANNE...

ET C'EST SI FRÉQUENT ?
ON VOIT PAS MAL D'APATHIQUES ICI, JE ME SOUVIENS DE VICTOR, UN PATIENT QUI NOUS A ÉTÉ ADRESSÉ L'ANNÉE DERNIÈRE...

À 19 ANS, SI ON VEUT FUMER DES JOINTS EN CACHETTE, QUOI DE MIEUX QUE S'ENFERMER LA NUIT DANS SON GARAGE ? ET, COMME IL FAIT FROID, ON FAIT TOURNER LE MOTEUR ET ON ALLUME LE CHAUFFAGE.

INTOXIQUÉ AU MONOXYDE DE CARBONE, VICTOR S'EST RETROUVÉ AUX URGENCES OÙ IL A REPRIS CONNAISSANCE. TOUT S'EST BIEN TERMINÉ, SAUF POUR DEUX PETITES LÉSIONS SYMÉTRIQUES AUX GANGLIONS DE LA BASE.

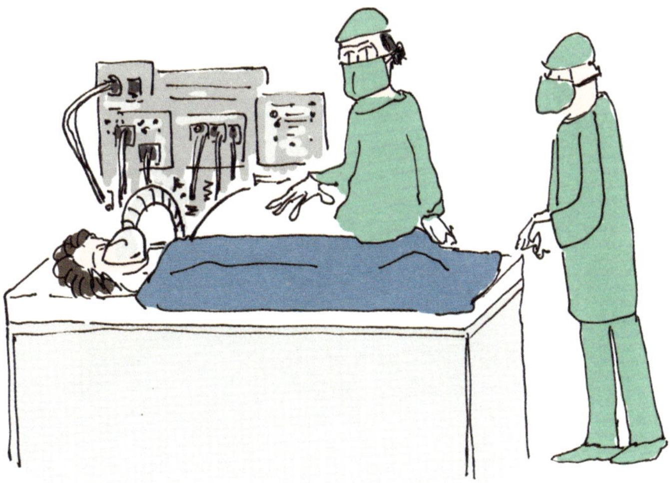

UNE FOIS RENTRÉ À LA MAISON, IL A REPRIS SA VIE. ENFIN, PAS TOUT À FAIT.

IL POUVAIT PASSER DES JOURNÉES À FIXER SES YEUX SUR L'ÉCRAN ÉTEINT DE LA TÉLÉ.

IL LEUR A FALLU SIX MOIS POUR SE DÉCIDER À CONSULTER.

IL POUVAIT FAIRE DU SPORT OU RÉSOUDRE DES PROBLÈMES DE MATHS COMME AVANT, MAIS UNIQUEMENT SI ON LE LUI DEMANDAIT. IL ÉTAIT INCONSCIENT DE SON APATHIE. IL NE BROYAIT PAS DU NOIR, IL BROYAIT DU VIDE.

ET IL N'Y A PAS DE TRAITEMENT SPÉCIFIQUE, ON PEUT JUSTE L'ESTOMPER.

SI VOUS ÊTES APATHIQUE ET PARKINSONIEN, ON VOUS DONNE DE LA DOPAMINE.

SI VOUS ÊTES APATHIQUE ET DÉPRIMÉ, ON VOUS DONNE DE LA SÉROTONINE.

VICTOR, LUI, A ÉTÉ TRAITÉ AVEC DES ANTIDÉPRESSEURS.

EN SORTANT DE LA SALPÊTRIÈRE
QUI SAIT, DANS QUELQUE TEMPS, VICTOR VA PEUT-ÊTRE RECROISER LE LOUP...
HÉ, ARRÊTE DE GLANDER, MEC, ET SUIS-MOI !

MOI AUSSI, J'ÉTAIS DÉPRIMÉE ET JE M'EN SUIS TIRÉE EN CHANGEANT DE VIE.

EN REVANCHE, ON A TOUS UN COUSIN, UN MARI, UN COPAIN QUI S'AFFAISSE DEVANT LA TÉLÉ. CHAQUE APATHIQUE EST UN CAS À PART.

AVANT DE JETER VOTRE APATHIQUE AUX ORTIES, COMMENCEZ PAR ÉCARTER LES CAS D'ÉCOLE.

ON PROCÈDE ENSUITE À UN SCAN CÉRÉBRAL.

SI VOUS REPÉREZ DES LÉSIONS
DANS SES GANGLIONS DE LA BASE...

VOUS LE REMETTEZ SANS TARDER AUX DOCTEURS PESSIGLIONE ET LE BOUC DE L'ICM-SALPÊTRIÈRE.

SI, AU CONTRAIRE, SES GANGLIONS SONT IMMACULÉS, IL Y A DE FORTES CHANCES QU'IL S'AGISSE JUSTE D'UN GROS BRANLEUR. DANS CE CAS, À VOUS DE JOUER.

LE BAIN de SCIENCE
de FIAMMA

JE SUIS BIPOLAIRE, ET VOUS ?

PARIS, UN CAFÉ PRÈS DE LA SORBONNE
VOTRE HISTOIRE SUR LA MOTIVATION M'A VRAIMENT TOUCHÉE...
C'EST VRAI ?

NOUS, LES BIPOLAIRES, SOMMES TROP MOTIVÉS EN PHASE MANIAQUE ET APATHIQUES EN PHASE DÉPRESSIVE. JE TRAVAILLE POUR UNE ASSOCIATION DE PATIENTS, ON VEUT EXPLIQUER AU MONDE QU'ON N'EST PAS DES PESTIFÉRÉS.

DIRE "JE SUIS BIPOLAIRE" ÉQUIVAUT À SE FAIRE RAYER DANS UN ENTRETIEN D'EMBAUCHE.
NOUS POUVONS TRAVAILLER ET AVOIR UNE FAMILLE, NOUS NE SOMMES PAS DANGEREUX !

JE VOUS EXPLIQUE... REGARDEZ CETTE IMAGE...

DANS CETTE GRAVURE DE DÜRER, ON PEUT LIRE
UNE ALLÉGORIE DE LA TENTATION : LE DIABLE
INSUFFLE DES RÊVES ÉROTIQUES DANS
LA TÊTE DU MOINE PARESSEUX.

MOI, J'AI TOUJOURS EU UN TEMPÉRAMENT MÉLANCOLIQUE. AU MOYEN ÂGE, ON L'ATTRIBUAIT À UN EXCÈS D'HUMEUR NOIRE, LA SUBSTANCE SÉCRÉTÉE PAR LA RATE. À L'ÉPOQUE, ON M'AURAIT GAVÉE DE RACINES POUR ME SOULAGER.

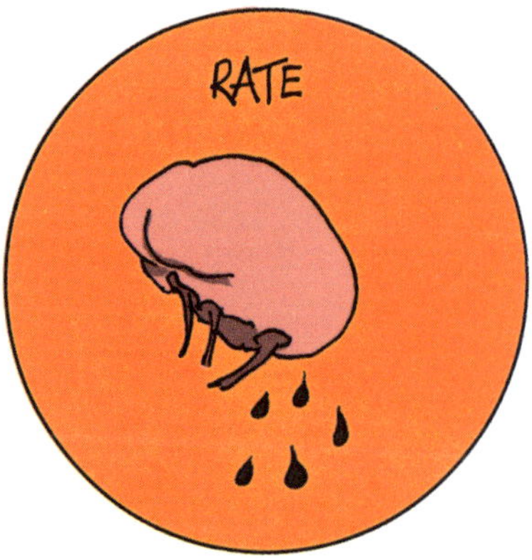

LE DÉCLENCHEUR DES TROUBLES BIPOLAIRES
EST SOUVENT UN CHOC OU UN STRESS.
PAS DANS MON CAS. MA VIE A ÉTÉ ASSEZ
BANALE JUSQU'À MON TROISIÈME ENFANT.
ENFIN UNE FILLE !
ELLE JOUERA AVEC MOI ?
OUI, NICOLAS, ELLE SERA CHAMPIONNE DE FOOT !

ON VIVAIT EN PROVINCE, À AIX.
SOUDAIN J'AI EU ENVIE DE TOUT BALANCER.
JE CHANGE DE MÉTIER : JE REPRENDS MES ÉTUDES À MONTPELLIER.
À 150 KM D'ICI ?!
ET ALORS ?

JE VAIS FAIRE DU DESIGN AVEC YVES ET CHARLOTTE, ON MONTE UNE SOCIÉTÉ.
MAIS ILS DÉBUTENT...
ON TROUVERA DES CLIENTS.

CÉLINE, JE ME RÉJOUIS DE TOUS CES PROJETS, MAIS TU VAS UN PEU VITE, NON?
D'ICI À UN AN ON VA CASSER LA BARAQUE ET AUSSI CHANGER DE BARAQUE.

TU VEUX DÉMÉNAGER ?
TU AS ENVIE D'UNE SALLE DE GYM ET MOI, J'AURAI BESOIN D'UN SHOW-ROOM. IL NOUS FAUT 100 MÈTRES CARRÉS DE PLUS.

LES IDÉES FUSAIENT, TOUT S'ACCÉLÉRAIT AUTOUR DE MOI.
I CAN FEEL
I CAN FEEL
TAP
TAP
AU VOLANT J'ÉCOUTAIS "HOW TO DISMANTLE AN ATOMIC BOMB" DES U2.

ET SUR "VERTIGO" J'APPUYAIS À FOND SUR L'ACCÉLÉRATEUR.
C'EST ÇA, UNE CRISE MANIAQUE : MONTER D'UN COUP DE 0 À 180 KM/H.

UN MANIAQUE EST OMNIPOTENT. ENTRE LUI ET L'ABSOLU IL N'Y A PAS DE PLACE POUR LES MÉDIOCRES.

MON COUPLE BATTAIT DE L'AILE, FRANÇOIS S'EST MIS EN RETRAIT, CE QUI NE FAISAIT QU'AMPLIFIER MA SENSATION DE MAÎTRISE SUR MA VIE ET SUR CELLE DE MES ENFANTS. ÇA DEVENAIT DANGEREUX.

J'AVAIS BESOIN D'UN AUDITOIRE ET JE LE TROUVAIS
SUR INTERNET. D'AILLEURS, C'EST CE QUI M'A SAUVÉE.

À PARIS, MA SOEUR A LU MON DÉLIRE SUR FACEBOOK.
EN BON MÉDECIN, ELLE A COMPRIS ET A SAUTÉ DANS SA VOITURE.

ÉTYMOLOGIQUEMENT "DÉLIRER" SIGNIFIE "SORTIR DU SILLON".
LA MÉTAPHORE DU LABOUR EST BELLE, LES GRAINES QUI TOMBENT
HORS DU SILLON SONT STÉRILES.

SON COLLÈGUE NOUS A REÇUES TOUT DE SUITE.

UN VIEUX SERVICE PSYCHIATRIQUE, C'EST SINISTRE
ET EFFRAYANT. DES LITS CLOUÉS AU SOL, DES GRILLES,
PAS DE POIGNÉES NI DE CROCHETS, RIEN POUR SE SUICIDER.

AVEC LES ANTIPSYCHOTIQUES, LE MONDE DÉFILE À DOUZE
IMAGES PAR SECONDE, COMME UN FILM AU RALENTI.

ET PUIS IL Y A CES REGARDS OPAQUES DES MÉDECINS...
ÉCOUTER, C'EST LEUR MÉTIER, MAIS ÉCOUTER N'EST PAS UN MÉTIER.

ILS SE PROTÈGENT, MAIS LES MALADES ONT BESOIN D'AMOUR.

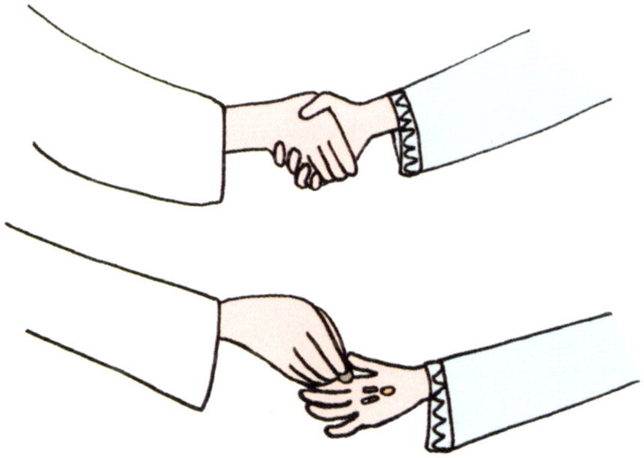

EXISTE-T-IL UN HÔPITAL OÙ LES PATIENTS TIENNENT LA MAIN DE LEUR MÉDECIN QUAND ILS PRENNENT LEURS MÉDICAMENTS ?

DANS MON GOUFFRE J'AI EU LA CHANCE DE TOMBER SUR LE DOCTEUR MASSON.

JE SUIS RESTÉE UN MOIS DANS SON SERVICE.
COMMENT JE PASSAIS LES JOURNÉES ? JE NE SAIS PLUS.
J'AI DÛ BEAUCOUP REGARDER LA TÉLÉ.
FRANÇOIS VENAIT ME VOIR.

ET PUIS UN JOUR ON SORT DU GOUFFRE ET ON RECOMMENCE À VIVRE.
ÇA VA, DOCTEUR, JE SUIS GUÉRIE.
IL FAUT CONTINUER VOTRE TRAITEMENT.
ON NE GUÉRIT PAS DES TROUBLES BIPOLAIRES.

IL DEVAIT SE TROMPER, MOI, J'ALLAIS BIEN. JE N'ÉTAIS PAS MALADE. J'AI BALANCÉ LES MÉDICAMENTS PAR LA FENÊTRE.

PROGRESSIVEMENT LA "TEMPÉRATURE" A BAISSÉ. JE SUIS TOMBÉE EN DÉPRESSION. MON HORIZON S'EST ARRÊTÉ À MON LIT.

FRANÇOIS ÉTAIT INQUIET, MAIS IL DEVAIT S'OCCUPER DES ENFANTS ET DE SON TRAVAIL. DEUX MOIS SE SONT ÉCOULÉS AVANT QU'IL ME TRAÎNE À L'HÔPITAL. HEUREUSEMENT J'AI RETROUVÉ LE DOCTEUR MASSON.

JE L'AI ÉCOUTÉ. J'AI AUSSI COMMENCÉ
LES THÉRAPIES COMPORTEMENTALES.

LA MIENNE EST UN DÉSÉQUILIBRE CHIMIQUE. JE PEUX LA PRESSENTIR PAR LA MÉDITATION ET L'ENDIGUER PAR LES MÉDICAMENTS.

SI ON ACCEPTE SA FAIBLESSE ET OBSERVE UNE DISCIPLINE, ON PEUT VIVRE BIEN. DEPUIS CINQ ANS JE N'AI PLUS DE CRISES.

JE PARIE QUE VOUS AUSSI, VOUS AVEZ UNE FÊLURE ET UN "RÉGIME" POUR ALLER BIEN. QUI EST SAIN PARMI NOUS ?
C'EST VRAI...
MERCI DE NOUS AIDER.
UNE BD PEUT-ELLE VRAIMENT AIDER LES GENS ?

LE BAIN de SCIENCE de FIAMMA

LE CERVEAU ENNEMI

À UN DÉJEUNER NEUROLOGIQUE

UN SUJET INTÉRESSANT.
LE LIBRE ARBITRE. JUSQU'OÙ SOMMES-NOUS MAÎTRES DE NOS ACTIONS ?
QUOI ?

VOUS ME FAITES PENSER À UNE PATIENTE... MARIE, LE JOUR OÙ JE L'AI RENCONTRÉE, ELLE N'ÉTAIT PAS LÀ...

ICM, HÔPITAL DE LA SALPÊTRIÈRE, CABINET DU DOCTEUR POUGET
C'EST INVIVABLE, DOCTEUR...
ELLE PASSE SON TEMPS À DÉFAIRE CE QU'ELLE FAIT !
C'EST PAS SA FAUTE, SON CERVEAU EST BOUSILLÉ !
IL FAUT NOUS AIDER, DOCTEUR.
ELLE SE BOUTONNE DE LA MAIN DROITE PENDANT QU'ELLE SE DÉBOUTONNE DE LA GAUCHE !
ON NE S'EN SORT PLUS, MON FILS EST ÉPUISÉ !

ILS M'AVAIENT ÉTÉ ADRESSÉS PAR UN CONFRÈRE, MARIE AVAIT RENDEZ-VOUS AVEC MOI LE LENDEMAIN. SA FAMILLE LA PRÉCÉDAIT POUR ME DÉCRIRE LE CADRE DANS LE DÉTAIL.

DANS L'IRM DE MARIE, ON VOYAIT QUE L'AVC AVAIT LÉSÉ SON CORPS CALLEUX, LE "CIMENT" DES HÉMISPHÈRES CÉRÉBRAUX.

JUSQU'AUX ANNÉES 1950 ON CROYAIT QUE LE CORPS CALLEUX N'ÉTAIT QU'UNE PIÈCE DE SERVICE : LE RELAIS DES CÂBLES TÉLÉPHONIQUES DES DEUX AILES DU CERVEAU, ON POUVAIT S'EN PASSER.

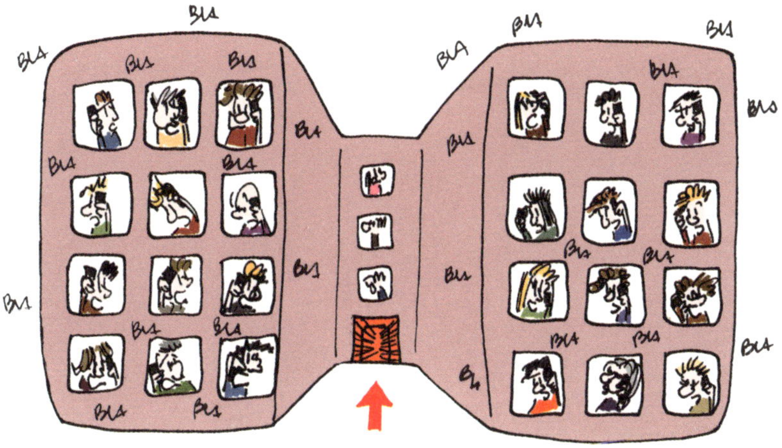

IL FAUT BIEN GARDER EN TÊTE QUE L'HÉMISPHÈRE DROIT CONTRÔLE LA MOITIÉ GAUCHE DU CORPS ET VICE VERSA. TOUTES LES INFORMATIONS SENSORIELLES SE CROISENT AU NIVEAU CÉRÉBRAL.

DONC, UN OBJET PRÉSENTÉ AU CHAMP VISUEL GAUCHE EST VU PAR L'HÉMISPHÈRE DROIT. L'INFORMATION VOYAGE JUSQU'À L'AIRE DU LANGAGE – SITUÉE LE PLUS SOUVENT DANS L'HÉMISPHÈRE GAUCHE – QUI NOMME L'OBJET.

CHEZ LES PATIENTS "SPLIT BRAIN" (AU CORPS CALLEUX SECTIONNÉ) LES NEUROLOGUES SPERRY ET GAZZANIGA CONSTATÈRENT DES TROUBLES : LES DEUX HÉMISPHÈRES CÉRÉBRAUX NE COMMUNIQUAIENT PLUS, LES PATIENTS NE POUVAIENT PLUS NOMMER LES OBJETS PRÉSENTÉS À LEUR CHAMP VISUEL GAUCHE.

EN REVANCHE, LEUR MAIN GAUCHE POUVAIT COMPOSER LE NOM DE L'OBJET, SIGNE QUE L'HÉMISPHÈRE DROIT L'AVAIT BIEN RECONNU ET POUVAIT L'EXPRIMER PAR DES GESTES.

CES PATIENTS "SPLIT BRAIN" MONTRAIENT AUSSI DES TROUBLES DU COMPORTEMENT. UN AUTRE "MOI" S'AFFIRMAIT INDÉPENDAMMENT ET PARFOIS CARRÉMENT À L'ENCONTRE DE LEUR VOLONTÉ. VOUS VOUS SOUVENEZ DU DOCTEUR FOLAMOUR DANS LE FILM DE STANLEY KUBRICK?

SA MAIN DROITE FAISAIT LE "HEIL, HITLER" DE FAÇON IMPROMPTUE, ET IRRÉPRESSIBLE. C'ÉTAIT COMIQUE.

POUR MARIE, C'ÉTAIT MOINS DRÔLE. À 45 ANS ELLE SOUFFRAIT DE "DYSPRAXIE DIAGONISTIQUE", SES FACULTÉS SEMBLAIENT INTACTES MAIS...

PETITE CRAPULE ! TU CROIS QUE JE VAIS LAISSER SORTIR MA FILLE AVEC DE LA RACAILLE COMME TOI ?!?

ELLE LUI A CLAQUÉ LA PORTE AU NEZ, IL NE VEUT PLUS DE MOI, IL PENSE QUE MA FAMILLE LE MÉPRISE !
IL FAUT LUI EXPLIQUER QUE VOTRE MÈRE EST MALADE...

ET SI ELLE EXPRIMAIT JUSTE CE QU'ELLE RESSENT PROFONDÉMENT ?
VOUS CROYEZ QUE LA MALADIE A LIBÉRÉ SA PAROLE ?...

JE N'EN SAIS RIEN, DOCTEUR.

JE N'AVAIS JAMAIS ÉTÉ CONFRONTÉ À UN CAS PAREIL. CHEZ MARIE, LE CONFLIT ALLAIT BIEN AU-DELÀ DU CONTRÔLE MOTEUR, IL TOUCHAIT AUX ÉMOTIONS.

JE ME VOULAIS RASSURANT, MAIS UN AN APRÈS L'AVC, SES CHANCES DE RÉCUPÉRATION ÉTAIENT MOINDRES.

MARIE ÉTAIT MALADE ET POURTANT L'OBJECTION DE SA FILLE N'ÉTAIT PAS INFONDÉE : QUI ÉTAIT LA VRAIE MARIE ? EST-CE QU'ON POUVAIT LA TENIR RESPONSABLE D'AGRESSION SUR LE PETIT AMI DE SA FILLE ?

LE LENDEMAIN, JE LA VIS AU FOND DE LA SALLE D'ATTENTE, UNE JOLIE FEMME FRÊLE QUI NE FAISAIT PAS SON ÂGE, ASSISE SUR SA MAIN GAUCHE.

J'ÉCOUTAI SON CALVAIRE.

"JE ME SOUVIENS DE LA PREMIÈRE FOIS À L'HÔPITAL, APRÈS MON AVC : JE PRESSAIS LE DENTIFRICE SUR MA BROSSE À DENTS ET MA MAIN GAUCHE LA RETIRAIT. JE ME SUIS MIS DU DENTIFRICE PARTOUT."

"J'ÉTAIS ABASOURDIE, MAIS PAS PRÈS DE LAISSER TOMBER."

"ÇA REVIENDRA, JE ME SUIS DIT."

MAIS CE N'EST PAS REVENU.
SI JE DÉCIDE DE PRÉPARER
UNE OMELETTE À MES ENFANTS...

MA MAIN DROITE CHERCHE
LES OEUFS DANS LE FRIGO...
ET MA MAIN GAUCHE
LES RANGE AUSSITÔT.
MAMAN,
J'AI FAIM!
SBAMM!

JE ME SUIS RETROUVÉE À DISCUTER AVEC UN FANTÔME ANARCHIQUE. ABSURDE!
QU'EST-CE QUE TU VEUX DE MOI?! ARRÊTE!!

J'AI ESSAYÉ DE NÉGOCIER... NE ME PRENEZ PAS POUR UNE FOLLE, S'IL VOUS PLAÎT.
J'AI BESOIN DE TON AIDE: ON VA COLLABORER ET S'ENTENDRE... OUI?...

MARIE PARLAIT LIBREMENT, SA CONSCIENCE DU PHÉNOMÈNE ÉTAIT PLEINE ET ENTIÈRE.

ELLE PASSA UNE BATTERIE DE TESTS QUI CONFIRMAIENT LE DIAGNOSTIC DE MON CONFRÈRE : DYSPRAXIE DIAGONISTIQUE DUE À UNE LÉSION DU CORPS CALLEUX.

SON HUMOUR N'ARRIVAIT PAS À MASQUER SA PROFONDE SOUFFRANCE. QUE DIRE ? JE NE POUVAIS RIEN, JE LUI PRESCRIVIS DES ANXIOLYTIQUES.

ET PUIS LE TEMPS PASSE, VOUS SAVEZ, ET ON EST PRIS PAR TANT DE CHOSES...

UN AN PLUS TARD, LORS D'UN CONGRÈS...
TU TE SOUVIENS DE CE CAS DE DYSPRAXIE DIAGONISTIQUE QUE JE T'AVAIS ADRESSÉ ?...
TRÈS BIEN. QU'EST-CE QU'IL EN EST ?
ELLE S'EST SUICIDÉE. TYPIQUEMENT UN DE CES CAS DEVANT LESQUELS ON EST IMPUISSANTS.

IMPUISSANTS

UN MOT QUE LES MÉDECINS REFOULENT.
LÀ, JE M'Y ACCROCHE POUR ME RÉCONFORTER.

NE ME DITES PAS ÇA ! PLUS J'AVANCE DANS LE CERVEAU, MOINS J'EN SAIS !
C'EST LA MALÉDICTION DU NEUROLOGUE.

J'AI UN AMI SPÉCIALISTE DES MALADIES INFECTIEUSES QUI ME TAQUINE : "MOI, JE GUÉRIS MES PATIENTS, TOI, PAS TELLEMENT... JE NE VOUDRAIS PAS ÊTRE DANS TES BASKETS !"

LE BAIN de SCIENCE de FIAMMA

CET OBSCUR OBJET DU DÉSIR

DANS LE LABORATOIRE D'ALBERTO BACCI, NEUROPHYSIOLOGISTE À L'ICM

HEUREUSEMENT IL Y A DES FEUX POUR RÉGLER LA CIRCULATION.

CES FEUX SONT LES NEUROTRANSMETTEURS : ILS DISENT "STOP" OU "GO" À CHAQUE VOITURE, C'EST-À-DIRE À CHAQUE "POTENTIEL D'ACTION" NEURONAL.

NOTRE CORPS EST UNE MACHINE À SENSATIONS FAITE DE TERMINAISONS NERVEUSES.

LES YEUX, LA PEAU, LE NEZ, LES OREILLES... ENVOIENT EN PERMANENCE DES INFOS AU CERVEAU.

CES INFOS SONT DES SIGNAUX ÉLECTRIQUES QUI VOYAGENT À L'INTÉRIEUR DU CERVEAU.

PAR EXEMPLE, UN PIGEON QUI VOLE, C'EST BANAL. À MOINS QU'ON NE SOIT COMPTEUR D'OISEAUX.

L'INFO VOYAGE DE LA RÉTINE AUX AIRES VISUELLES SITUÉES À L'ARRIÈRE DE LA TÊTE. LÀ, DES NEUROTRANSMETTEURS LA STOPPENT, LE SIGNAL S'ÉTEINT PARCE QUE L'INFO N'EST PAS TRÈS INTÉRESSANTE.

MAIS UNE VACHE QUI VOLE EST AUTREMENT PLUS EXCITANTE, ÇA NOUS INTERPELLE : COMMENT C'EST POSSIBLE ? OÙ VA-T-ELLE ? D'OÙ VIENT-ELLE ?

L'INFO ARRIVE AUX AIRES VISUELLES ET REPART VERS L'AMYGDALE, LE CENTRE DES ÉMOTIONS, PUIS VERS LE CORTEX FRONTAL QUI SE DEMANDE COMMENT RÉAGIR...

DES NEUROTRANSMETTEURS EXCITATEURS FONT EN SORTE QUE LE SIGNAL ÉLECTRIQUE SE PROPAGE : TOUS LES FEUX SONT AU VERT.

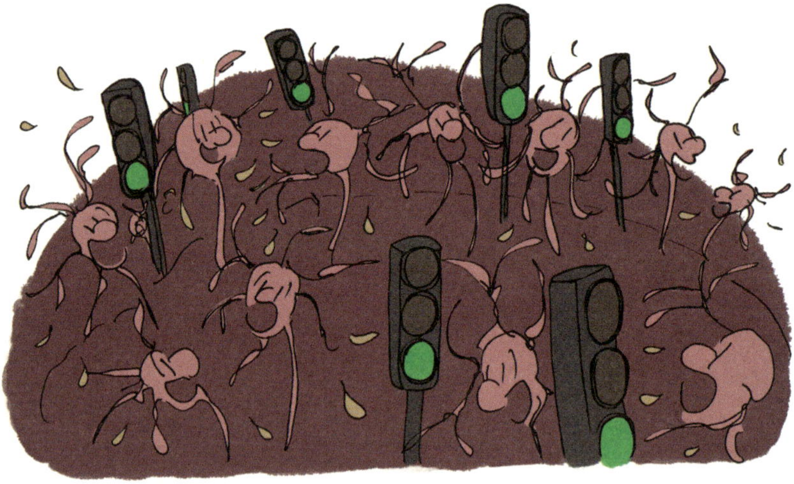

MAIS IL FAUT RETENIR QU'ON A BESOIN D'UN SYSTÈME DE RÉGULATION SOPHISTIQUÉ PARCE QUE LE CERVEAU EST SOLLICITÉ EN PERMANENCE : SI TOUTES LES INFOS ÉTAIENT TRAITÉES, IL DISJONCTERAIT.
ICM FARM

ÇA N'ARRIVE JAMAIS ?
SI, DANS L'ÉPILEPSIE : LE CERVEAU SE SUREXCITE ET S'EMBALLE. D'OÙ LE COURT-CIRCUIT.
C'EST INTÉRESSANT, L'ÉPILEPSIE, TU DEVRAIS T'EN OCCUPER.

QUELQUES JOURS APRÈS, DANS UN CAFÉ

J'AI TOUJOURS AIMÉ RIGOLER, J'ÉTAIS UNE PETITE FILLE HEUREUSE, JUSQU'AU JOUR OÙ MES PARENTS ONT REMARQUÉ QUELQUE CHOSE QUI NE TOURNAIT PAS ROND DANS MON SOURIRE.

COMME SI L'INTERRUPTEUR SWITCHAIT, SOUDAIN, JE PERDAIS LE CONTACT. ÇA S'APPELLE "ÉPILEPSIE".

CE QU'ON PARTAGE EST L'"ABSENCE".

[. . . . .]

MON ABSENCE DURAIT PEUT-ÊTRE CINQ SECONDES.
CINQ SECONDES DE "BLANC", C'EST RIEN.
UN RIEN INTERMINABLE DEVANT UN CORPS INANIMÉ.

PAR CONTRE, DE L'AURA, JE M'EN SOUVENAIS TRÈS BIEN : L'AURA, C'EST LA BRISE QUI PRÉCÈDE LA TEMPÊTE ÉPILEPTIQUE. SELON DOSTOÏEVSKI, C'EST LA SECONDE PENDANT LAQUELLE L'ÉPILEPTIQUE MAHOMET VISITE TOUTES LES DEMEURES D'ALLAH, UN INSTANT D'ÉCLAIREMENT ABSOLU.
C'ÉTAIT LA SECONDE OÙ UNE VAGUE REMONTAIT MON CORPS, "COMME UNE CARESSE", DIRAIT UN ENFANT.

TOI, TU L'APPELLERAIS PLUTÔT UN ORGASME.

EN GRAND SECRET, MES PARENTS M'ONT AMENÉE VOIR UN NEUROLOGUE.

J'AI VITE COMPRIS QUE LE PLAISIR ÉTAIT HONTEUX, IL GÊNE LES ADULTES. SURTOUT CALVINISTES, COMME MES PARENTS. SI, EN PLUS, QUELQU'UN D'AUTRE CLOCHE DANS LA FAMILLE...

QUE DE MENSONGES ! TANTE ALBERTE ÉTAIT ÉPILEPTIQUE, PIRE, SE CROYAIT VOYANTE ET EN AVAIT FAIT SON BUSINESS -UNE HONTE POUR LA FAMILLE-

SON FOYER ÉPILEPTIQUE, PRÈS D'UN HIPPOCAMPE, ALTÉRAIT SA MÉMOIRE :
PASSÉ ET PRÉSENT SE MÉLANGEAIENT DANS SA TÊTE,
ELLE CROYAIT ANTICIPER CE QU'ELLE AVAIT EN FAIT DÉJÀ VÉCU.
MAIS TOUT ÇA, JE NE L'AI SU QUE PLUS TARD.

LA CRAINTE DE MA MÈRE ÉTAIT QUE JE TIENNE DE TANTE ALBERTE.

HEUREUSEMENT MON MAL ÉTAIT "PETIT", MES CRISES RARES ET COURTES.

IL AVAIT RAISON. RAPIDEMENT J'AI OUBLIÉ LES CRISES ET LES MÉDICAMENTS. JUSQU'À LA FIN DE MES ÉTUDES.

ILS POUVAIENT L'ÊTRE. JE DÉCROCHAIS UN DIPLÔME D'UNE ÉCOLE DE COMMERCE POUR LEUR FAIRE PLAISIR. LA PETITE FILLE FRÊLE PROUVAIT QU'ELLE S'ASSUMAIT.

UN STUDIO, UN COPAIN, UN POSTE DANS UNE MULTINATIONALE,
QUE PEUT-ON DÉSIRER D'AUTRE DANS LA VIE ?

MAIS, UN JOUR, AU COURS D'UNE RÉUNION,
J'AI VU APPROCHER LA VAGUE.

ELLE ÉTAIT GROSSE, CETTE VAGUE.
J'AI DÛ M'ABSENTER PRESQUE UNE MINUTE, UNE ÉTERNITÉ.

APRÈS, TOUJOURS SOURIANTE, J'AI ENLEVÉ MA CHEMISE, M'A-T-ON DIT.

POURQUOI ? J'AVAIS CHAUD, SANS DOUTE.
COMMENT T'EXPLIQUER ?... JE REMONTAIS LENTEMENT DES PROFONDEURS, JE NAGEAIS VERS LA LUMIÈRE.

ON NE MONTRE PAS SON SOUTIEN-GORGE EN RÉUNION, ÇA PEUT MARQUER LA FIN D'UNE CARRIÈRE PROMETTEUSE.

JE COMPRENAIS. LES FÊLÉS GRIPPENT LE SYSTÈME.

UNE SEMAINE PLUS TARD, JE ME SUIS ÉCROULÉE DANS UN BUS.
MADEMOISELLE !
AU SECOURS !
CETTE FOIS, J'AI ABOUTI À L'HÔPITAL.

ON VOUDRAIT VOUS GARDER EN OBSERVATION. SI, PAR CHANCE, ON ENREGISTRE UNE CRISE, ON POURRA IDENTIFIER LE FOYER.
PAR "CHANCE".

MON FOYER SE TROUVAIT PRÈS DE L'AMYGDALE GAUCHE, DANS LE CIRCUIT DES ÉMOTIONS. C'EST UNE RÉGION ENFOUIE ET PRIMITIVE DU CERVEAU.

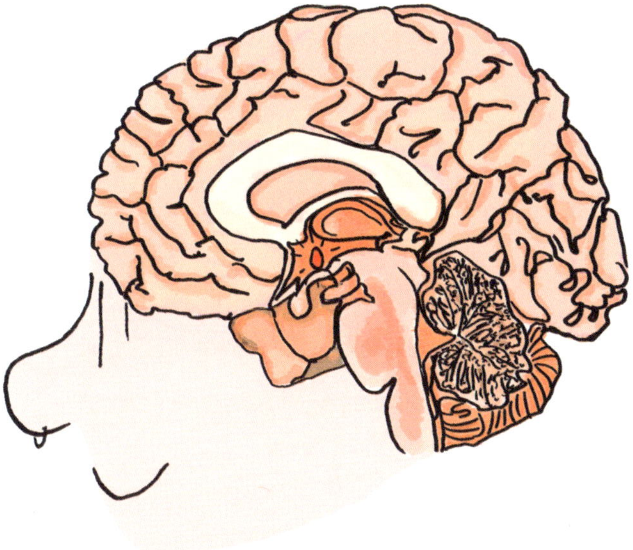

MON "PETIT" MAL ÉTAIT INCOMPATIBLE AVEC MON TRAVAIL, J'AI DÛ DÉMISSIONNER. JE ME SUIS RETROUVÉE SEULE, À LA MAISON. J'AVAIS RÊVÉ DE CETTE LIBERTÉ, ET MAINTENANT ELLE ME GARDAIT EN OTAGE. C'EST LÀ QUE MON COPAIN S'EST BARRÉ.

J'AI AUSSI REMPLACÉ MON COPAIN PAR DES COPINES : LES FILLES SONT PLUS EMPATHIQUES QUE LES GARÇONS, TU NE TROUVES PAS ?...

JE SUIS PARTIE VOIR MA TANTE AVEC L'INTENTION DE LA RAISONNER : "FINI LE BULLSHIT, TU N'ES PAS VOYANTE, JUSTE MALADE, IL N'Y A RIEN DE MAL À ÇA !"

L'ÉPILEPSIE ÉTAIT SA BÉQUILLE,
JE NE POUVAIS PAS LA LUI ENLEVER.

NOUS, LES ÉPILEPTIQUES, SOMMES DES ÊTRES SINGULIERS.

ALORS, QUAND J'AI REVU MON MÉDECIN, PEU DE TEMPS APRÈS...

POURQUOI ? VOUS NE FAITES PRATIQUEMENT PLUS DE CRISES...
JUSTEMENT, ÇA ME MANQUE. JE VOUDRAIS RESSENTIR PLUS SOUVENT CE...

CE PLAISIR...
AH, J'AI 32 ANS ET PARLER D'ORGASME ME GÊNE TOUJOURS... C'EST RIDICULE !

LE BAIN de SCIENCE
de FIAMMA

L'HOMME QUI MANGEAIT LES PORTES

EN APARTÉ, À UN COCKTAIL DE L'ICM

ON A ÉTÉ ANOBLIS PAR FRANÇOIS IER. JE NE SUIS PAS FRIANDE DE GÉNÉALOGIE, MES SŒURS SERAIENT FIÈRES DE VOUS DONNER TOUS LES DÉTAILS.

LE CHÂTEAU DE MON PÈRE EST TOUTE MON ENFANCE, JE L'AIME D'AUTANT PLUS QU'IL EST ASYMÉTRIQUE ET MAL FICHU. L'AILE GAUCHE ÉTAIT EN CONSTRUCTION EN 1789 ET QUAND LES MARQUIS SONT REVENUS D'ANGLETERRE, ILS L'ONT LAISSÉE EN L'ÉTAT.

PAR PARESSE ! HAHAHA !
DANS LA FAMILLE ON N'A JAMAIS TRAVAILLÉ. SÉRIEUSEMENT, J'ENTENDS… ON SE MÉFIE DU SÉRIEUX, ON LE LAISSE AUX "ADMINISTRATIFS".

MON PÈRE ADORAIT PLAISANTER. SUR TOUT SAUF SUR L'ÉTIQUETTE. SON RELIQUAT DE DOMESTIQUES, IL LE DIRIGEAIT À LA BAGUETTE.
ADÈLE, VOUS SERVIREZ LES SAUCES AVEC LES VIANDES BLANCHES. PAS AVANT, MERCI.
BIEN, MONSIEUR.

QUELLE SURPRISE LE JOUR OÙ IL EST PASSÉ DEVANT SA VOISINE POUR ATTEINDRE LA SAUCIÈRE ! UNE EXCENTRICITÉ ! MAIS ON N'EN A DISCUTÉ QUE BEAUCOUP PLUS TARD.

IL A TOUJOURS AIMÉ RECEVOIR, IL ORGANISAIT MÊME DES CONCOURS LITTÉRAIRES AU CHÂTEAU OÙ IL HÉBERGEAIT SON ALLÈGRE COMPAGNIE DE POÈTES.

JUSQU'À IL Y A QUATRE ANS, QUAND SOUDAIN...

LE CHANGEMENT D'HUMEUR ÉTAIT IMPERCEPTIBLE,
UNE FINE PATINE DE TRISTESSE... OU PLUTÔT D'INDIFFÉRENCE.

NOUS AVONS TOUS TENDANCE À CROIRE CE QUI NOUS ARRANGE.

IL NE FALLAIT PAS S'ATTENDRE À CE QUE MA MÈRE S'OCCUPE DES PETITS-ENFANTS, ELLE ÉTAIT TOUJOURS EN VOYAGE. MAIS MON PÈRE AIMAIT SKIER AVEC EUX, IL EST UN GRAND CONNAISSEUR DES ALPES.

QU'EST-CE QU'IL RACONTAIT ?! J'ÉTAIS FURIEUSE. IL N'ALLAIT JAMAIS SI LOIN ET CES PISTES-LÀ N'AVAIENT AUCUN INTÉRÊT.

À 17 HEURES, ILS SONT ENFIN ARRIVÉS.

D'OÙ SORTAIT CETTE MAMIE? JE N'AI PAS APPROFONDI. EN REVANCHE, AVEC SES 62 ANS BIEN PORTÉS, IL ÉTAIT SÉDUISANT ET SÉDUCTEUR. RIEN NE L'EMPÊCHAIT DE FAIRE DES RENCONTRES GALANTES SUR LES PISTES DE SKI.

QUELQUES MOIS APRÈS, ADÈLE – LA DOMESTIQUE – S'EST CONFIÉE À NOUS TOUT EN S'EXCUSANT DE SON INDISCRÉTION.

JE NE SAIS PAS QUI SONT CES GENS, MAIS JE NE TROUVE PLUS DEUX CENTRES DE TABLE EN ARGENT... VOUS COMPRENEZ...?

NON, JE NE COMPRENAIS PAS. MON PÈRE NOUS CACHAIT SES RELATIONS DE COMPTOIR AVEC QUI IL PARTAGEAIT LA CIGARETTE... ET QUOI D'AUTRE ?

JOUAIT-IL? ÉTAIT-IL LE "M. MONDE" DE SIMENON,
SUR LE POINT DE NOUS QUITTER POUR RECOMMENCER SON EXISTENCE AILLEURS?
DANS LA LITTÉRATURE, LA DOUBLE VIE EST CHARMANTE ;
EN VRAI, ELLE DONNE LA NAUSÉE.

J'AI FAIT L'INCONCEVABLE, JE ME SUIS POSTÉE PRÈS DE CE CAFÉ,
AU MOMENT OÙ IL SORTAIT AVEC DEUX JEUNES HOMMES
"ÉTRANGES", COMME AURAIT DIT ADÈLE.

JE NE LE RECONNAISSAIS PAS, CE RIRE EXUBÉRANT, CES TAPES SUR LES ÉPAULES N'ÉTAIENT PAS DANS SON ÉDUCATION. JE LES AI SUIVIS JUSQU'À UNE PETITE ENTRÉE MINABLE DE CLUB PRIVÉ. PUIS JE SUIS PARTIE EN CRAIGNANT LE PIRE.

J'AI COMMENCÉ À LE REGARDER AVEC SUSPICION. IL TRAHISSAIT CERTAINEMENT MA MÈRE. SES MOTS TRANSPIRAIENT LE MENSONGE. QU'EST-CE QU'IL TRAMAIT DERRIÈRE CE SOURIRE NONCHALANT ?

ÇA A ATTENDU LA FÊTE DE MON FILS ÉDOUARD,
UN JOUR D'ÉTÉ À LA CAMPAGNE, DANS LE DÉCOR D'UN FILM DE RENOIR.

IL ÉTAIT AU CENTRE DE LA PELOUSE, LES VOISINS DÉTOURNAIENT LE REGARD, EMBARRASSÉS.

MAIS IL N'Y AVAIT AUCUN EXHIBITIONNISME, JUSTE DU NATUREL DÉSINHIBÉ... ET ENFANTIN.

J'AI IMPOSÉ UNE CONSULTATION.

ET LÀ, ON A VU CET OURLET BLANC AUTOUR DE SON CERVEAU...

TOUT S'EXPLIQUAIT : LES HALLUCINATIONS, LES DIFFICULTÉS D'ORIENTATION, LE CHANGEMENT DE PERSONNALITÉ, LA DÉSINHIBITION... ET MÊME CETTE ANCIENNE FAUTE D'ÉTIQUETTE À TABLE.

IL EST DEVENU APATHIQUE, PLUS DE SORTIES AU CAFÉ, IL MET TOUT À LA BOUCHE... IL PEUT MANGER UN BOUQUET DE FLEURS ... AUSSI BIEN QU'UNE PORTE...

ÇA DOIT ÊTRE TRÈS DUR POUR VOUS...
J'AI VOULU PASSER LE TEST : JE SUIS PORTEUSE DE LA MÊME MUTATION QUI POURRAIT PROVOQUER LA MALADIE. OU PAS, RIEN N'EST SÛR.
QU'ALLEZ-VOUS FAIRE ?
UNE THÉRAPIE PRÉVENTIVE EXPÉRIMENTALE AVEC QUELQUES CHANCES DE SUCCÈS... ON VERRA...

ET LES THÉRAPIES GÉNIQUES ?
DANS LES MALADIES COMME LA NÔTRE, ISSUES DE LA MUTATION D'UN SEUL GÈNE, ON ENVISAGE D'INTERVENIR, MAIS ÇA RESTE COMPLIQUÉ.
IL Y A UNE NOUVELLE TECHNIQUE DE MANIPULATION GÉNÉTIQUE TRÈS PROMETTEUSE : CRISPR-CAS9, DES "CISEAUX" QUI COUPENT L'ADN POUR REMPLACER PRÉCISÉMENT LE GÈNE DÉFECTUEUX...
DANS QUELQUES ANNÉES, ÇA POURRAIT ÊTRE LA SOLUTION.

ENTRE-TEMPS, LES ASSOCIATIONS DE FAMILLES, C'EST VITAL : ON PARTAGE DES TUYAUX, ON SE SERRE LES COUDES, ON S'ENTRAIDE, ON SE SENT MOINS SEULS.

ET METTEZ-Y DE L'HUMOUR COMME VOUS SAVEZ LE FAIRE, J'AI TRÈS ENVIE DE RIGOLER !

DE L'HUMOUR... IL FAUT LE DIRE VITE.

LE BAIN de SCIENCE de FIAMMA

POURQUOI RÊVONS-NOUS ?

UN MATIN, CHEZ MOI

TU DEVRAIS INCLURE UN CHAPITRE SUR LES RÊVES.
AH, OUI ! BONNE IDÉE !

OÙ VAS-TU ?
J'AI BESOIN DE REPOS.
JE SUIS ÉPUISÉ PAR CES NUITS.

MAIS... TU PRENDS TES AFFAIRES...?
OUI. ON EN REPARLE QUAND TON LIVRE SERA FINI.

OK, JE M'OCCUPERAI DES RÊVES ET JE VAIS BIEN M'AMUSER !
TU VERRAS!
SBAMMM!

BON… ON VA LAISSER LES ÉMOTIONS AUX AMYGDALES DES BAS ÉTAGES ET ON PASSE À LA PLANIFICATION : QU'EST-CE QUE TU COMPTES FAIRE ?
JE N'EN SAIS RIEN…

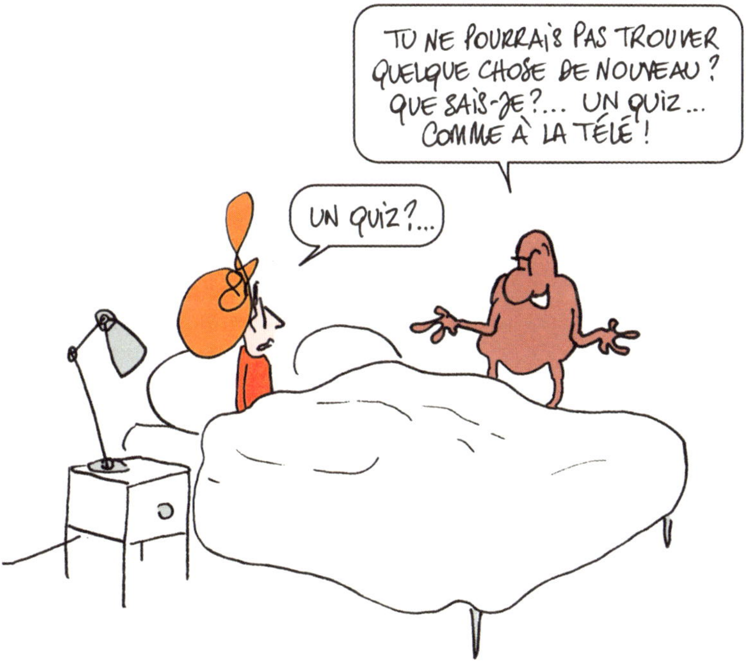
TU NE POURRAIS PAS TROUVER QUELQUE CHOSE DE NOUVEAU ? QUE SAIS-JE ?… UN QUIZ… COMME À LA TÉLÉ !
UN QUIZ ?…

SITÔT DIT, SITÔT FAIT

C'EST VRAI QUE LE CERVEAU NE S'ENNUIE PAS QUAND ON DORT...
QU'IL NOUS FAIT VIVRE DES AVENTURES FANTASQUES...
QUE NOTRE SUPERSTITION VOIT DES ORACLES DANS LES RÊVES...
HALTE !

QUI ÊTES-VOUS ?
ARTÉMIDORE D'ÉPHÈSE. JE VOUS DÉFENDS D'APPELER SUPERSTITION MA "CLÉ DES SONGES" !
CLÉ DES SONGES

JE PEUX VOUS PROUVER QUE LES RÊVES DE LA NUIT SONT ISSUS DES HUMEURS DU CORPS, ALORS QUE LES SONGES DU MATIN SONT LES MESSAGERS DES DIEUX, IL FAUT LES INTERPRÉTER ET...
BIEN VU, ARTÉMIDORE !
SUIVEZ L'HÔTESSE, S'IL VOUS PLAÎT.

ARTÉMIDORE A SOULEVÉ DEUX POINTS CRUCIAUX :
ON RÊVE LA NUIT COMME LE MATIN, DANS TOUTES LES PHASES DU SOMMEIL...

ENFIN, LES VRAIES AVENTURES SONT RARES, LES RÊVES CHARRIENT À 80 % LES SOUVENIRS DES DEUX JOURS PRÉCÉDENTS.

90 % DES RÊVES SONT RÉALISTES ET ORDINAIRES, LES RÊVES DE VOL (0,5 %) ET DE KAMASUTRA (2 %) NE COURENT PAS LES SOMMIERS, ON LES RACONTE JUSTE PLUS VOLONTIERS.
PÂTES LUSTUCRU
RÊVE COMMUN
TÉLÉ 19' LG
PANTOUFLES "PAPI"
SAUCE CARREFOUR

ET DÉSORMAIS ON PEUT VOIR EN DIRECT LE CONTENU D'UN RÊVE.
QUOI ?
IMPOSSIBLE !
SI, REGARDEZ !

KONNICHIWA, KAMITANI SAN, VOUS ÊTES EN DUPLEX DE KYOTO POUR NOUS EXPLIQUER VOTRE TECHNIQUE...
C'EST SIMPLE : NOUS AVONS RÉVEILLÉ LES DORMEURS PENDANT LEURS RÊVES, ILS NOUS ONT DÉCRIT CE QU'ILS VOYAIENT...
CHAT
CHIEN
SOURIS
OURS
VAMPIRE
VOITURE
ROBOT
BICYCLETTE
BUS
HOMME
ET EN COMPARANT CES RÉCITS AUX IMAGES IRM DE LEUR CERVEAU PENDANT LE SOMMEIL, ON EN A TIRÉ DES ALGORITHMES.

IRM RÊVE FIAMMA
CHAQUE ALGORITHME CORRESPOND À UN THÈME ET MAINTENANT, DEUX FOIS SUR TROIS, JE DEVINE LE SUJET DE LEURS RÊVES !
CHAT
CHIEN
SOURIS
OURS
VAMPIRE
VOITURE
ROBOT
BICYCLETTE
BUS
MER
SKI
ET DONC, RIEN QU'EN REGARDANT MON IRM, VOUS SAVEZ SI J'AI RÊVÉ D'UN LÉMURIEN OU D'UN PERROQUET.

AH... ETO... NON, J'AI RÉPERTORIÉ 140 THÈMES, MAIS PAS ENCORE LES LÉMURIENS.. SORRY... AH...
CHAT
CHIEN
OURS
VAMPIRE
VOITURE
BICYCLETTE
BUS
FEMME
MER
SKI
ARIGATO, KAMITANI SAN, POUR LES LÉMURIENS ON VA ATTENDRE, C'EST PAS GRAVE.

REGARDONS DE PLUS PRÈS CE SOMMEIL "PARADOXAL", AINSI NOMMÉ PARCE QUE LE TONUS MUSCULAIRE EST AU PLUS BAS ALORS QUE LE CERVEAU CARBURE.
POURQUOI ON VOIT LE KREMLIN ?
PARCE QU'ON VA PRENDRE L'EXEMPLE DU CERVEAU DE POUTINE.

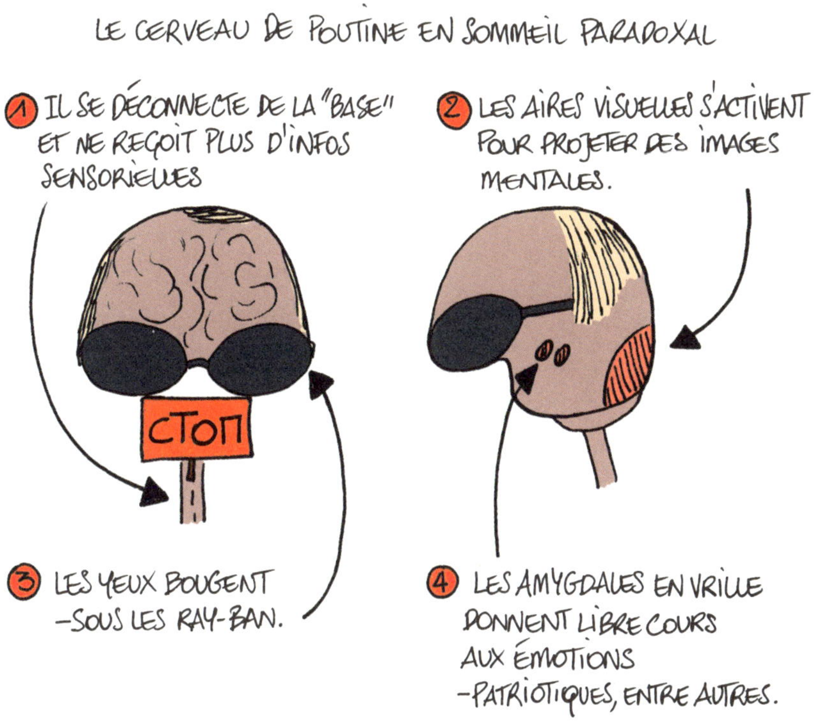
LE CERVEAU DE POUTINE EN SOMMEIL PARADOXAL
1 IL SE DÉCONNECTE DE LA "BASE" ET NE REÇOIT PLUS D'INFOS SENSORIELLES
2 LES AIRES VISUELLES S'ACTIVENT POUR PROJETER DES IMAGES MENTALES.
СТОП
3 LES YEUX BOUGENT –SOUS LES RAY-BAN.
4 LES AMYGDALES EN VRILLE DONNENT LIBRE COURS AUX ÉMOTIONS –PATRIOTIQUES, ENTRE AUTRES.

ET SURTOUT LE CORTEX FRONTAL EN STAND-BY FAIT TAIRE LA LOGIQUE ET LA RÉFLEXION CRITIQUE.
ZZzzzzzzzz
ÇA EXPLIQUERAIT POURQUOI EN RÊVE ON ACCEPTE SANS CILLER TOUTE INCONGRUITÉ.

DANS CET ÉTAT LE CERVEAU A TENDANCE À DEVENIR PARANO ET À RÊVER QU'IL EST ENTOURÉ PAR DES ENNEMIS. VOILÀ POURQUOI LES DEUX TIERS DES RÊVES SUIVENT UN SCÉNARIO CATASTROPHE : C'EST LA PEUR QUI PRIME.

D'AILLEURS, 80 % DES JEUNES MÈRES – ET PAS MAL DE PÈRES – RÊVENT QUE LEUR BÉBÉ SUFFOQUE, SE NOIE... POURQUOI SINON POUR S'ENTRAÎNER À VEILLER À LA SURVIE DU REJETON ?

MAIS LES RÊVES SERVENT AUSSI À MÉMORISER. SI JE VOUS MONTRE UN JEU VIDÉO AVEC UN LABYRINTHE ET QUE VOUS VOUS ENDORMEZ LÀ-DESSUS... ALLEZ-Y !

AU RÉVEIL, CEUX QUI ONT RÊVÉ DU JEU AURONT UNE PERFORMANCE NETTEMENT MEILLEURE, MÊME SI LE RÊVE N'EST QU'ALLUSIF !
ALLEZ !
CLAP ! CLAP !
OUAIS ! JE VOIS LA SORTIE !

ET ENCORE : LES PARAPLÉGIQUES DE NAISSANCE RÊVENT QU'ILS FONT DE LA DANSE CLASSIQUE AUSSI SOUVENT QUE LES MARCHEURS... POURQUOI ?
UNE AUTRE FONCTION DU RÊVE SERAIT DE DÉVELOPPER NOTRE EMPATHIE...
DANS LES RÊVES, ON APPREND À SE METTRE À LA PLACE DES AUTRES, À MIEUX LES COMPRENDRE, CE QUI FAVORISE LES LIENS SOCIAUX.
ZZZZZZZZ...

POUR FINIR, LES RÊVES SONT UN EXUTOIRE, ILS SERVIRAIENT À MÉTABOLISER LES ÉMOTIONS.
S'IL Y A UN TROP-PLEIN ET SI APPARAISSENT DES CAUCHEMARS RÉPÉTÉS QUI VOUS RÉVEILLENT...

LA "THÉRAPIE DE RÉPÉTITION PAR L'IMAGE" VA VOUS AIDER. VOICI LA RECETTE POUR ATOMISER LES CAUCHEMARS !
RECETTE TUE-CAUCHEMARS
1 LES RACONTER À TOUR DE BRAS
2 LES RÉÉCRIRE AVEC UN HAPPY END
3 RÉVISER LE NOUVEAU SCÉNARIO DANS LA JOURNÉE ET AU COUCHER

... ET QUAND LE GARS SORT SA TRONÇONNEUSE JE L'INVITE À PRENDRE UN THÉ ET À ME RACONTER SON ENFANCE.
HEM... LES EFFETS DE CES RÉVISIONS SUR LES CONJOINTS FONT ENCORE DÉBAT...

ALORS? UTILES, LES RÊVES, NON?
BOF... JE PRÉFÈRE LA "SMORFIA" NAPOLITAINE : AU MOINS ELLE ASSOCIE AUX RÊVES DES NUMÉROS À JOUER AU LOTO ET, AU FINAL, ON PEUT GAGNER DES SOUS.

MOI, JE NE FAIS PAS DE RÊVES.
IMPOSSIBLE : SI VOUS LES NOTEZ AU RÉVEIL, VOUS VOUS EN SOUVIENDREZ.
DÉJÀ ESSAYÉ.
SUIVEZ-MOI.
OÙ ÇA ?

À LA SOMNOLOGIE DE LA SALPÊTRIÈRE. LE PROFESSEUR ISABELLE ARNULF VOUS RÉVEILLERA TOUTES LES DEMI-HEURES PENDANT UN MOIS POUR RECUEILLIR VOS RÊVES...
ET VOUS CONSTATEREZ QUE VOUS EN FAITES DES MASSES !

LE BAIN de SCIENCE de FIAMMA

UN CHAT NOIR DANS UNE PIÈCE SOMBRE

ET, ENCORE UNE FOIS, À L'ICM DANS LE BUREAU DU PROFESSEUR AGID

J'AI ENVIE DE VOUS RÉPONDRE PAR LA MÉTAPHORE DE PARIS...

IMAGINEZ UN MARTIEN QUI REGARDE PARIS AVEC SON TÉLESCOPE : IL VOIT BEAUCOUP DE FRÉNÉSIE, DES VOITURES QUI ROULENT DANS TOUS LES SENS...
QUI PEUT BIEN RÉGIR TOUT CE MÉLI-MÉLO ?
(SEUL SUR) MARS
PARIS

IL REMARQUE UN CAMION DE LAITIER QUI PARCOURT LE MÊME CHEMIN TOUS LES JOURS.

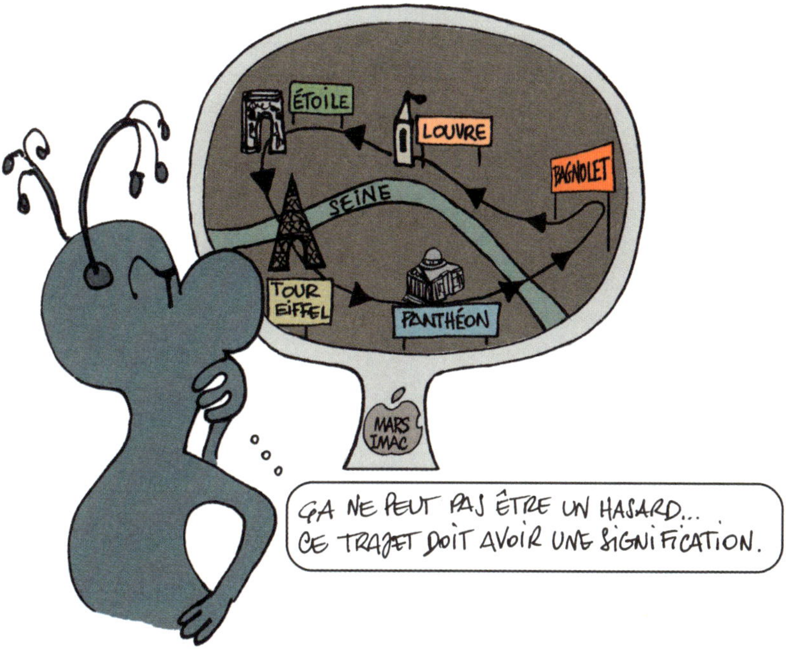

MAIS QUI RÉGIT PARIS ?
LA POLITIQUE SE FAIT DANS LES RUES OU DANS LES BÂTIMENTS QUI LES BORDENT ?
BEN...
OÙ NAÎT LA PENSÉE ? VOILÀ LA VRAIE QUESTION !

NOUS AVONS POINTÉ NOTRE TÉLESCOPE SUR LES ROUTES - LES NEURONES - ET SI ÇA SE PASSAIT AILLEURS, DANS LES CELLULES GLIALES ?...
?
VOICI UNE NOUVELLE FRONTIÈRE POUR LA RECHERCHE !
AH, OUAIS...

ET... OÙ SONT LES CELLULES GLIALES ?
VOUS AVEZ DÉJÀ SECTIONNÉ UN CERVEAU ?
OCCASIONNELLEMENT...

REGARDEZ : CE FOULARD DE DEUX MÈTRES CARRÉS ET DEUX MILLIMÈTRES D'ÉPAISSEUR EST NOTRE CORTEX, SUR LEQUEL "POUSSENT" CENT MILLIARDS DE NEURONES.
CHACUN COMMUNIQUE AVEC DIX MILLE AUTRES.
FLAP !
FLAP !

LE PORT DE CE FOULARD EST OBLIGATOIRE

MAIS LES NEURONES NE SONT PAS SEULS, ILS SONT ENTOURÉS PAR LES CELLULES GLIALES.
ON A TOUJOURS PENSÉ QU'ELLES NE SERVAIENT QUE DE SUPPORTS...

ET ON A VU RÉCEMMENT QUE LES ASTROCYTES – UN TYPE DE CELLULES GLIALES – POURRAIENT FORMER CARRÉMENT UN RÉSEAU PARALLÈLE À CELUI DES NEURONES ET LEUR RÔLE POURRAIT ÊTRE MAJEUR.

LE RÉSEAU DES NEURONES

LE RÉSEAU DES ASTROCYTES

MAIS IL N'Y A PAS QUE LE CORTEX BEAUCOUP DE CHOSES SE PASSENT DANS LES PARTIES ENFOUIES DU CERVEAU. LE CORTEX COMMANDE LES ACTIONS VOLONTAIRES.

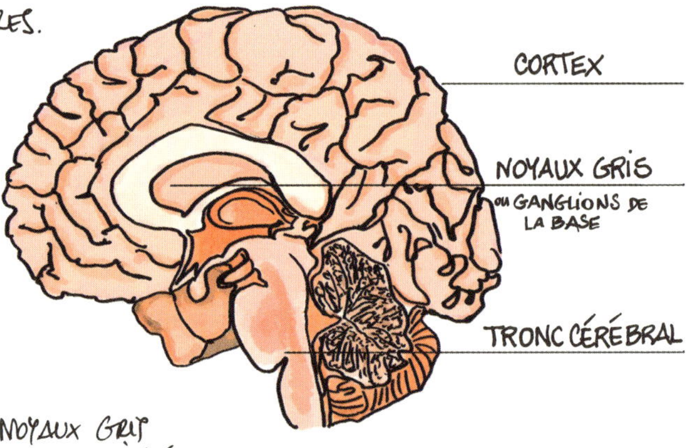

MAIS LES NOYAUX GRIS CONTRÔLENT LES ACTIVITÉS AUTOMATIQUES ET NOTRE VIE EST PÉTRIE D'AUTOMATISMES.

L'ATTIRANCE AMOUREUSE, PAR EXEMPLE...
C'EST UNE ACTION VOLONTAIRE !
JE DIRAIS QUE VOS NOYAUX GRIS TOMBENT AMOUREUX ET VOTRE CORTEX VOUS EN DONNE UNE EXPLICATION PLUS OU MOINS PLAUSIBLE !
HA HA HA !

TON INTELLIGENCE, TON ESPRIT... TON HUMOUR... SONT SUBLIMES...
MAIS C'EST TON ODEUR MÂLE QUI ME REND DINGUE.

QUAND VOUS PARLEZ, L'AIRE DE BROCA S'ACTIVE DANS LE LOBE FRONTAL, MAIS UN SOUVENIR ACTIVERA AUSSI LA RÉGION TEMPORALE…

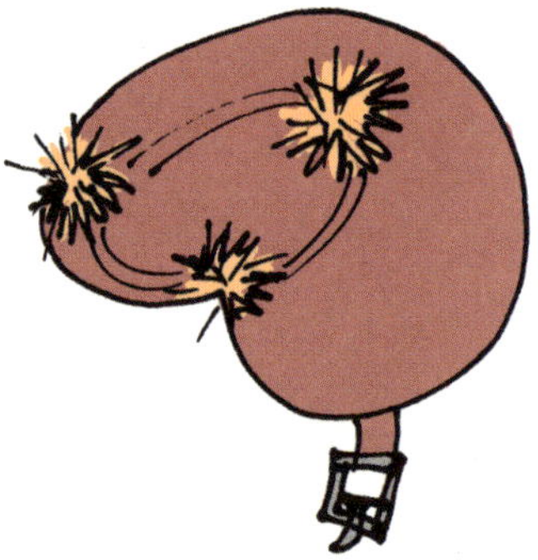

ET UN PROJET, LE CORTEX PRÉFRONTAL : LE CERVEAU MARCHE PLUTÔT PAR CIRCUITS.

DES CIRCUITS COMPLEXES ET ASSEZ PLASTIQUES, CAPABLES MÊME DE CONTOURNER UNE PANNE : D'AUTANT PLUS SI LE CERVEAU EST JEUNE.

VOYEZ-VOUS, ON EST AU DÉBUT D'UN LONG VOYAGE, ON AVANCE À LA VITESSE DE LA LUMIÈRE, MAIS L'UNIVERS EST INFINI.
NEURO NASA
DOPAMINE
PROCHAIN ARRÊT : "DOPAMINE". LE SUIVANT, DANS TROIS ANS.

VOUS AVEZ L'AIR DÉÇUE.
BEN... JE M'ATTENDAIS À DES DONNÉES PLUS... SOLIDES... DÉFINITIVES...
DÉFINITIVES...?!

MMM... COMME DISENT LES CHINOIS, C'EST DIFFICILE D'ATTRAPER UN CHAT NOIR DANS UNE PIÈCE SOMBRE, SURTOUT QUAND IL N'Y EST PAS.
BONNE CHANCE POUR VOTRE LIVRE, MADAME, JE COMPTE SUR UN EXEMPLAIRE DÉDICACÉ.

POUR ALLER PLUS LOIN

CHAPITRE 1

Antonio R. Damasio, *Le Sentiment même de soi. Corps, émotions, conscience*, Odile Jacob, Paris, 1999

–, *L'Erreur de Descartes. La Raison des sentiments*, Odile Jacob, Paris, 2006

CHAPITRE 2

http://www.ondinefrance.org

http://www.afsondine.org

Lionel Naccache, *L'Homme réseau-nable : du microcosme cérébral au microcosme social*, Odile Jacob, Paris, 2015

CHAPITRE 3

Oliver Sacks, *L'Homme qui prenait sa femme pour un chapeau, et autres récits cliniques*, Seuil, Paris, 1992

CHAPITRE 4

Patrick Coupechoux, *Un monde de fous : comment notre société maltraite ses malades mentaux*, Seuil, Paris, 2006

Jean Oury, *Il, donc*, Matrice, Vigneux, 1998

–, Marie Depussé, *À quelle heure passe le train... Conversations sur la folie*, Calmann-Lévy, Paris, 2003

Nicolas Philibert, *La Moindre des choses*, Les films d'ici (DVD), 1996

François Tosquelles, *Le Vécu de la fin du monde dans la folie. Le Témoignage de Gérard de Nerval*, Jérôme Millon, Grenoble, 2012

CHAPITRE 5

Oliver Sacks, *Un anthropologue sur mars. Sept histoires paradoxales*, Seuil, Paris, 1996

CHAPITRE 7

Page 139 : Le songe du docteur: [estampe] / AD [A. Dürer] [monogr.], Dürer, Albrecht (1471-1528), [s.n.], 1498-1499, Bibliothèque nationale de France, département Estampes et photographie

Gérard Garouste, *L'Intranquille. Autoportrait d'un fils, d'un peintre, d'un fou*, Le livre de Poche, Paris, 2011

Marc Masson, *Les Troubles bipolaires*, PUF, Paris, 2016

CHAPITRE 8

Michael S. Gazzaniga, *Le Libre arbitre et la science du cerveau*, Odile Jacob, Paris, 2013

CHAPITRE 9

Jean-Pierre Changeux, *L'Homme neuronal*, Hachette Pluriel, Paris, 2012

David B., *L'Ascension du Haut Mal*, L'association, Paris, 2015

F. M. Dostoïevski, *L'Idiot*, Le livre de Poche, 1994

http://www.epilepsie-france.com

http://www.fondation-epilepsie.fr

http://www.lfce.fr

CHAPITRE 10

www.france-dft.org/

www.cref-demrares.fr/

CHAPITRE 11

Isabelle Anulf, *Une fenêtre sur les rêves. Neurologie et pathologies du sommeil*, Odile Jacob, Paris, 2014

Michel Jouvet, *De la science et des rêves : mémoires d'un onirologue*, Odile Jacob, Paris, 2013

Damien Léger, Le Sommeil dans tous ses états, Plon, Paris, 2010

www.pro.ovh.net

CHAPITRE 12

Yves Agid, *L'Homme subconscient. Le Cerveau et ses erreurs*, Robert Laffont, Paris, 2013

Retrouvez Fiamma Luzzati sur Internet :
Son blog sur lemonde.fr - lavventura.blog.lemonde.fr
Facebook : www.facebook.com/fiammaluzzati
Twitter : https://twitter.com/fiammaluzzati

Cette bande dessinée, publiée sur le blog L'Avventura est reproduite avec l'aimable autorisation du Monde.fr.

Dépôt légal : août 2016. ISBN : 978-2-7560-7347-7
Première édition

Conception graphique : Trait pour Trait

Achevé d'imprimer en France par Aubin Imprimeur en août 2016

www.editions-delcourt.fr